AutoCAD
装饰装潢制图基础教程
（2010中文版）

孔德志　编著

清华大学出版社
北　京

内 容 简 介

本书按照建筑装饰装潢设计的教学大纲要求，从职业技能培养的角度入手，以适应职场需求为目的，通过典型的案例全面系统地介绍了建筑装饰装潢图纸设计中AutoCAD的使用方法以及各种装饰装潢图纸的绘制技术。

全书共分8章，内容包括AutoCAD 2010软件基本操作、二维绘图和编辑、文字和表格的创建、三维绘图和编辑命令，涉及到的图纸内容包括：室内设计中的各类平面图、立面图、天花平面图；电气设计中的主要平面图和系统图；给排水设计中的主要平面图和系统图，以及暖通设计中的主要平面图和系统图。

本书适合广大的室内设计人员、高等院校和职业技术院校相关专业的在校学生阅读。

图书在版编目（CIP）数据

AutoCAD装饰装潢制图基础教程：2010中文版/孔德志编著. —北京：清华大学出版社，2011.1

ISBN 978-7-302-24238-3

I. ①A… II. ①孔… III. ①建筑装饰—建筑制图—计算机辅助设计—应用软件，AutoCAD 2010—教材 IV.

①TU238-39

中国版本图书馆CIP数据核字（2010）第231069号

责任编辑：夏非彼　李相兰
责任校对：李少华
责任印制：杨　艳
出版发行：清华大学出版社　　　　　　　　　地　　址：北京清华大学学研大厦A座
　　　　　http://www.tup.com.cn　　　　　邮　　编：100084
　　　　　社　总　机：010-62770175　　　邮　　购：010-62786544
　　　　　投稿与读者服务：010-62776969，c-service@tup.tsinghua.edu.cn
　　　　　质　量　反　馈：010-62772015，zhiliang@tup.tsinghua.edu.cn
印　装　者：清华大学印刷厂
经　　销：全国新华书店
开　　本：190×260　印　张：16.75　字　数：429千字
版　　次：2011年1月第1版　　　印　　次：2011年1月第1次印刷
印　　数：1～4000
定　　价：32.00元

产品编号：038053-01

前　言

AutoCAD 2010 是目前最流行的 CAD 软件之一，是由美国 Autodesk 公司开发的专门用于计算机辅助设计的软件。目前，AutoCAD 已经广泛应用于机械、建筑、电子、航天和水利等工程领域。

AutoCAD 2010 是 AutoCAD 绘图软件的最新版本，它在继承以前版本功能的基础上，又增加了许多新的功能，如整合了开发功能、创新的用户界面、更快的运行速度等，能够更加有效地帮助设计人员提高设计水平和工作效率，是面向广大设计人员的重要的工具软件。

本书共 8 章，主要针对室内设计，以理论介绍为基础，以丰富的实例操作为主，按照室内设计的流程为读者系统介绍室内设计空间各个领域相关图纸的绘制方法和操作技巧，对应用 AutoCAD 2010 进行装饰装潢制图做了详细讲解。

第 1 章介绍了 AutoCAD 的界面组成、文件的相关操作方法、绘图环境的设置、图层的创建和管理、对象特性的设置、视图相关操作以及文件的输出和帮助的使用。

第 2 章介绍了二维绘图的基本技术，内容包括坐标系的使用、基本图形的绘制方法、二维图形的编辑等。

第 3 章介绍了图案填充、块、面域、边界以及参数化建模等高级的二维绘图功能。

第 4 章介绍了装饰装潢图中各种文字和尺寸创建的技术和方法，并通过案例为读者介绍了样板图的创建和装饰装潢设计说明的创建方法。

第 5 章介绍了原始结构图、室内地面图、室内平面布置图、客厅立面图以及天花布置图等的绘制技术和方法。

第 6 章介绍了装饰装潢中电气图纸的绘制，内容包括配电系统图、照明线路图、室内弱电系统平面图、综合布线平面图、弱电系统图等。

第 7 章介绍了装饰装潢中给排水图纸的绘制，内容包括给排水平面图、给排水系统图、给排水详图、消防喷淋系统平面图、消防喷淋系统图等。

第 8 章介绍了装饰装潢中暖通图纸的绘制，内容包括采暖平面图、采暖系统图、安装详图、空调送回风系统平面图等。

本书介绍的内容涵盖了建筑装饰装潢图纸设计的各个环节，几乎涵盖了所有的图纸类型，不但介绍了图纸的绘制方法，而且对所有的图纸都给出了解读，也就是专业术语的"读图"，这样能让读者在学习时，知其然也知其所以然。

　　为了方便读者练习，我们在每章的最后都安排了大量的专业上机题，为读者提供实践的素材。本书适合广大的室内设计人员、高等院校和职业院校相关专业的在校学生阅读。

　　本书由孔德志编写，参加本书编写工作的还有张计、李龙、王华、李辉、贾东永、刘峰、徐浩、李建国、马建军、唐爱华、苏小平、朱丽云、马淑娟、周毅、张浩、张乐、李大勇、许小荣、魏勇、王云等，在此，编者对以上人员致以诚挚的谢意！

　　由于作者水平有限，书中难免有不妥之处，欢迎读者提出宝贵的意见。

编者

2010.12

目　　录

第 **1** 章

AutoCAD 2010 装饰装潢制图技术基础

AutoCAD软件作为工程行业的基本绘图软件，在整个的工程软件中占据着最重要的地位。可以说，AutoCAD 是最接近于手工绘图的软件，所不同的是，光标代替了我们的手。AutoCAD制图使用了最基本的制图原理，也需要用户有最基本的制图知识以及几何关系的知识，有了这些基础，就可以开始学习 AutoCAD 了。

本章将引导读者了解 AutoCAD 的软件、组成软件功能以及操作。通过本章的学习，希望用户能够对 AutoCAD 的工具、菜单有所认识，掌握装潢制图的基本技术。

NO. 1.1
启动AutoCAD 2010

AutoCAD 2010 版本是 AutoDesk 公司推出的最新版本，在界面设计、三维建模和渲染等方面进行了加强，可以帮助用户更好地从事图形设计。

与所有安装在 Windows 操作系统上的软件一样，用户可以通过以下几种方式打开AutoCAD 2010：

- 在"开始"菜单中选择"程序"|Autodesk|AutoCAD 2010-Simplified Chinese|AutoCAD 2010 命令。
- 在"安装盘盘符:\Program Files\AutoCAD 2010"文件夹中直接单击图标 。
- 双击桌面的快捷方式。

启动 AutoCAD 2010，弹出"新功能专题研习"窗口。若选中"是"单选按钮，再单击"确认"按钮，则可以观看 AutoCAD 2010 的新功能介绍。

若选中其他单选按钮，再单击"确认"按钮，则进入 AutoCAD 2010 的"二维草图与注释"工作空间的绘图工作界面，效果如图 1-1 所示。

系统给用户提供了"二维草图与注释"、"AutoCAD 经典"和"三维建模"3 种工作空间。所谓工作空间，是指由分组组织的菜单、工具栏、选项板和功能区控制面板组成的集合，通俗地说也就是我们可见到的一个软件操作界面的组织形式。对于老用户来说，比较习惯于传统的"AutoCAD 经典"工作空间的界面，它延续了 AutoCAD 从 R14 版本以来一直保持的界面，可以通过单击如图 1-2 所示的按钮，在弹出的菜单中切换工作空间。

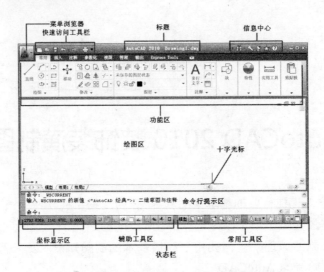

图 1-1 "二维草图与注释"工作空间绘图工作界面

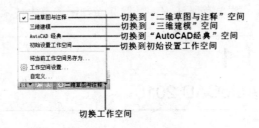

图 1-2 切换工作空间

图 1-3 为传统的"AutoCAD 经典"工作空间的界面效果，如果用户想进行三维图形的绘制，可以切换到"三维建模"工作空间，在界面上提供了大量的与三维建模相关的界面项，与三维建模无关的界面项将被省去，方便了用户的操作。

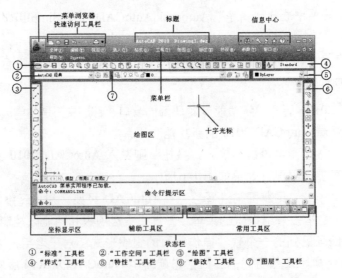

图 1-3 传统的"AutoCAD 经典"工作空间界面

1.1.1　工作空间界面简介

我们首先以"AutoCAD 经典"工作空间为例介绍界面组成。AutoCAD 2010 界面中的大部分元素的用法和功能与 Windows 软件一样，AutoCAD 2010 应用窗口主要包括以下元素：标题栏、菜单栏、工具栏、绘图区、命令行提示区、状态栏等。

1. 标题栏

标题栏位于软件主窗口的最上方，在 2010 版本中由菜单浏览器、快速访问工具栏、标题、信息中心和最小化按钮、最大化（还原）按钮、关闭按钮组成。

菜单浏览器将菜单栏中常用的菜单命令都显示在一个位置，如图 1-4 所示，用户可以在菜单浏览器中查看最近使用过的文件和菜单命令，还可以查看打开文件的列表，菜单下有"最近使用的文档"和"打开文档"视图。

快速访问工具栏定义了一系列经常使用的工具，单击相应的按钮即可执行相应的操作。用户可以自定义快速访问工具，系统默认提供新建、打开、保存、打印、放弃和重做等 6 个快速访问工具，将光标移动到相应按钮上，会弹出功能提示。

信息中心可以帮助用户同时搜索多个源（如帮助、新功能专题研习、网址和指定的文件），也可以搜索单个文件或位置。

标题显示了当前文档的名称，最小化按钮、最大化（还原）按钮、关闭按钮控制了应用程序和当前图形文件的最小化、最大化和关闭，效果如图 1-5 所示。

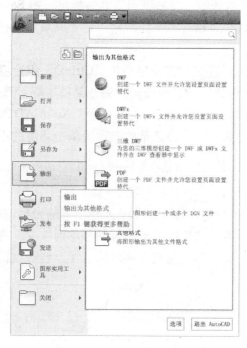

图 1-4　菜单浏览器效果

图 1-5　控制软件和图形文件的最大化和最小化

2. 工具栏

执行 AutoCAD 命令除了可以使用菜单外，还可以使用工具栏。工具栏是附着在窗口四周的长条，其中包含一些由图标表示的工具按钮，单击这些按钮则执行该按钮所代表的命令。

AutoCAD 2010 的工具栏采用浮动的放置方式，也就是说可以根据需要将它从原位置拖动，放置在其他位置上。工具栏可以放置在窗口中的任意位置，还可以通过自定义工具栏中的方式改变工具栏中的内容，可以隐藏或显示某些工具栏，方便用户使用最常用的工具栏。另外，工具栏中的工具显示与否可以通过选择"工具"|"工具栏"|"AutoCAD"命令，在弹出的子菜单中控制相应工具栏的显示与否，也可以直接单击任意一个工具栏，在弹出的快捷菜单中选择是否选中即可。

3. 菜单栏

菜单栏通常位于标题栏下面，其中显示了可以使用的菜单命令。传统的 AutoCAD 包含11 个主菜单项，用户也可以根据需要将自己或别人自定义的菜单加进去。2010 版本增加了"参数"菜单项。单击任意菜单命令，将弹出一个下拉式菜单，可以选择其中的命令进行操作。

对于某些菜单项，如果后面跟有符号 ⊡，则表示选择该选项将会弹出一个对话框，以提供进一步地选择和设置。如果菜单项右面跟有一个实心的小三角形 ▶，则表明该菜单项尚有若干子菜单，将光标移到该菜单项上，将弹出子菜单。如果某个菜单命令是灰色的，则表示在当前的条件下该项功能不能使用。

选定主菜单项有两种方法，一种是使用鼠标，另一种是使用键盘，具体使用哪种方法可根据个人的喜好而定。每个菜单和菜单项都定义有快捷键。快捷键用下划线标出，如 <u>S</u>ave，表示如果该菜单项已经打开，只需按 S 键即可完成保存命令。下拉菜单中的子菜单项同样定义了快捷键。

在下拉菜单中的某些菜单项后还有组合键，如"打开"菜单项后的"Ctrl+O"组合键。该组合键被称为快捷键，即不必打开下拉菜单，便可通过按该组合键来完成某项功能。例如，使用"Ctrl+O"组合键来打开图形文件，相当于选择"文件"|"打开"命令。AutoCAD 2010 还提供了一种快捷菜单，当右击鼠标时将弹出快捷菜单。快捷菜单的选项因单击环境的不同而变化，快捷菜单提供了快速执行命令的方法。

4. 状态栏

状态栏位于 AutoCAD 2010 工作界面的底部，坐标显示区显示十字光标当前的坐标位置，鼠标左键单击一次，则呈灰度显示，固定当前坐标值，数值不再随光标的移动而改变，再次单击则恢复。辅助工具区集成了用于辅助制图的一些工具，常用工具区集成了一些在制图过程中经常会用到的工具，其功能如图 1-6 所示。

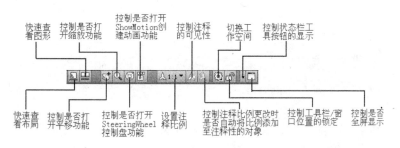

图 1-6　常用工具区中各工具的功能

5. 十字光标

十字光标用于定位点、选择和绘制对象，由定点设备（如鼠标、光笔）控制。当移动定点设备时，十字光标的位置会作相应的移动，这就像手工绘图中的笔一样方便，并且可以通过选择"工具"|"选项"命令，在弹出的"选项"对话框中改变十字光标的大小（默认大小是 5）。

6. 命令行提示区

命令行提示区是通过键盘输入的命令、数据等信息显示的地方，用户通过菜单和工具栏执行的命令也将在命令行中显示执行过程。每个图形文件都有自己的命令行，默认状态下，命令行位于系统窗口的下面，用户可以将其拖动到屏幕的任意位置。

7. 文本窗口

文本窗口是记录 AutoCAD 命令的窗口，是放大的命令行窗口，它记录了用户已执行的命令，也可以用来输入新命令。在 AutoCAD 2010 中，用户可以通过下面 3 种方式打开文本窗口：选择"视图"|"显示"|"文本窗口"命令；在命令行中执行 TEXTSCR 命令；按下F2 键。

1.1.2　功能区的使用

在"二维草图与注释"工作空间，2010 版本新增了功能区，应该说，功能区就类似于 2008版本的控制台，只是比控制台的功能有所增强。

功能区为与当前工作空间相关的操作提供了一个单一简洁的放置区域。使用功能区时无需显示多个工具栏，这使得应用程序窗口变得简洁有序。功能区由若干个选项卡组成，每个选项卡又由若干个面板组成，面板上放置了与面板名称相关的工具按钮，效果如图 1-7 所示。

用户可以根据实际绘图的情况，将面板展开，也可以将选项卡最小化，仅保留面板标题，效果如图 1-8 所示。当然用户也可以再次单击"最小化为选项卡"按钮，仅保留选项卡的名称，效果如图 1-9 所示，这样就可以获得最大的工作区域。当然，用户如果想显示面板，只需要再次单击该按钮即可。

第 1 章

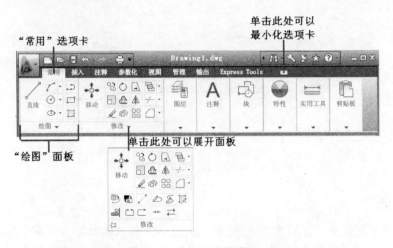

图 1-7　功能区功能演示

图 1-8　最小化保留面板标题

图 1-9　最小化保留选项卡标题

功能区可以水平显示、垂直显示或显示为浮动选项板。创建或打开图形时，默认情况下，在图形窗口的顶部将显示水平的功能区。用户可以在选项卡标题、面板标题或者功能区标题上单击鼠标右键，会弹出相关的快捷菜单，对选项卡、面板或者功能区进行操作，可以控制显示和是否浮动等。

NO.1.2
命令和变量

AutoCAD 是一款命令行驱动的绘图软件，因此命令对于 AutoCAD 来说，就是绘图的基石，要熟练的使用 AutoCAD 制图，就必须掌握如何使用命令。另外，AutoCAD 将操作环境和某些命令的值存储在系统变量中，因此，如果要熟练的使用 AutoCAD 还需要掌握系统变量的使用。

1. 命令

应该说，与其他的 Windows 系统的应用软件相同，菜单栏的菜单操作和工具栏的按钮操作是完成命令执行的两种最基本的方式，快捷菜单操作是另外的一种方式，与其他软件不同的是，AutoCAD 另外提供了面板执行方式和命令行执行方式。也就是说，一个命令可以通过以下 5 种方式来执行：

1　单击工具栏中相应的按钮。
2　选择菜单栏中的下拉菜单相应命令。
3　在绘图提示区输入 AutoCAD 命令。
4　单击面板中相应的按钮。
5　执行快捷菜单中的相应命令。

当然，并不是每个命令都存在这 5 种执行方式。对于初学者来说，建议用户使用菜单、工具栏和面板这 3 种方式来执行，AutoCAD 中几乎所有的功能都可以使用这 3 种方式来实现。快捷菜单的执行方式具有一定的局限性，只能对当前选定对象进行相关功能的实现，而命令行方式需要用户记住大量的 AutoCAD 命令。

2. 透明命令

一般来说，在打开一个操作的时候，不可以进行另外一个操作，一旦要进行下一个操作，则前一个操作中止。在 AutoCAD 中提供了一些操作命令，可以在其他操作进行的过程中执行，我们把这些命令叫做透明命令。透明命令执行时，原来执行的命令不会中断。

一般来说，单独执行透明命令时，在绘图提示区中的命令前会出现单引号"'"，譬如"平移"命令"'_pan"，如果在其他命令的执行过程中执行透明命令，会出现双大于号">>"，当透明命令执行完毕后，其他命令还可以继续执行。

一般来说，需要初级用户重点掌握的命令包括"缩放"、"平移"、"帮助"、"图层"、"查询"和"设计中心"。

3. 系统变量

一般不希望用户在绘图的时候随意改变系统变量，只有在对系统变量的含义相当熟悉了之后才能进行更改。修改系统变量的方法非常简单，只要在绘图提示区输入系统变量名称，按下回车键，命令行会提示输入新的变量值，当输入新的变量值后，按下回车键，即可完成变量的修改。

这里先介绍第一个系统变量 FILEDIA，有两个值 0 和 1，0 表示在保存文件的时候不弹出任何对话框，所有的操作都在命令行中完成，1 表示执行相应的命令后，会弹出相应的对话框，操作在对话框中完成，不在命令行中完成。用户可以修改该系统变量，然后在命令行输入 save as 命令，查看修改的效果。

4. 退出

执行命令和系统变量的退出操作很简单，如果执行完毕，按下回车键即可，如果没有执行完毕，按 Ecs 键即可，有些命令行中提供了退出选项，用户执行相应的选项也可以退出命令和系统变量。

NO. 1.3
设置绘图环境

在使用 AutoCAD 绘图之前，首先要对绘图单位以及绘图区域进行设置，以便确定绘制的图纸与实际尺寸的关系，便于绘图。

1.3.1 设置绘图单位

创建的所有对象都是根据图形单位进行测量的。开始绘图前，必须基于要绘制的图形确定一个图形单位代表的实际大小，然后据此惯例创建实际大小的图形。

选择"格式"|"单位"命令，弹出如图 1-10 所示的"图形单位"对话框，"长度"选项组用于设置测量的当前单位及当前单位的精度，"角度"选项组用于设置当前角度格式和当前角度显示的精度。

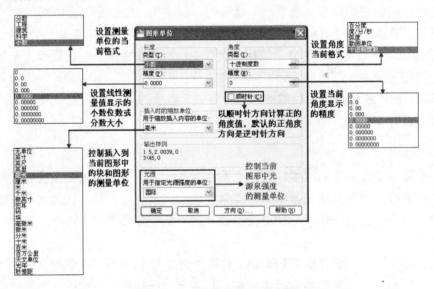

图 1-10　"图形单位"对话框

"插入时的缩放单位"选项组用于控制插入到当前图形中的块和图形的测量单位。如果块或图形创建时使用的单位与该选项指定的单位不同，则在插入这些块或图形时，将对其按比例缩放。插入比例是源块或图形使用的单位与目标图形使用的单位之比。如果插入块时不按指定单位缩放，可以选择"无单位"。

单击"方向"按钮，将弹出"方向控制"对话框，用于设置起始角度（0B）的方向。在 AutoCAD 的默认设置中，起始方向是指正东的方向，逆时针方向为角度增加的正方向。

用户可以选择东南西北任意一项作为起始方向，也可以选择"其他"单选按钮，并单击
"拾取"按钮，在绘图区中拾取两个点，通过两点的连线方向来确定起始方向。

1.3.2　设置绘图界限

在 AutoCAD 中指定的绘图区域也叫图形界限，这个图形界限是用户所设定的一个绘图范
围、一个绘图边界。通常情况下，图形界限由左下点和右上点确定，由两点圈定的矩形区域
就是图形界限。

选择"格式"|"图形界限"命令，命令行提示如下：

```
命令:LIMITS
重新设置模型空间界限:
指定左下角点或 [开(ON)/关(OFF)] <0.0000,0.0000>:
//用定点设备拾取点或者输入坐标值定位图形界限左下角点
指定右上角点 <420.0000,297.0000>:
//用定点设备拾取点或者输入坐标值定位图形界限右上角点
```

以上命令与绘制矩形比较类似，如果用户对这个命令不甚理解，可以参照第 2 章中的内容。

图形界限设置之后，一般来说，建议在设置的图形界限内制图，当然也不是说不可以在图形
界限外制图，实际上，图形界限的设置，对绘制图形并没有什么影响，这里要说明三点内容：

- 图形界限会影响栅格的显示。
- 使用"缩放"命令的"全部"缩放时，最大能放大到图形界限设置的大小。
- 图形界限一般用在实际绘制工程图的时候，可以把图形界限设置为工程图图纸的大小。

NO.1.4
图形文件管理

对于用户来讲，文件实际上就是结果，也代表了一个过程。未绘制图形前，要创建新文
件，文件是图形依存的介质，用户在打开 AutoCAD 的时候就自动创建了新文件 Drawing1.dwg。
同样的，图形绘制完成后，需要保存文件，所以文件对于绘图来说，是让劳动成为事实存在
的一种方式。

对于 AutoCAD 来说，文件操作的相关内容与其他的 Windows 应用软件类似，也存在创
建、保存、打开这几个过程，通过本章的学习，希望用户能够熟练掌握文件的相关操作。

1.4.1　创建新文件

在前面说到，第一次打开 AutoCAD 就自动创建了一个新文件，如果在 AutoCAD 打开的
状态下创建新文件，则要通过以下的几种方式：选择"文件"|"新建"命令或者单击"标准"

工具栏中的"新建"按钮 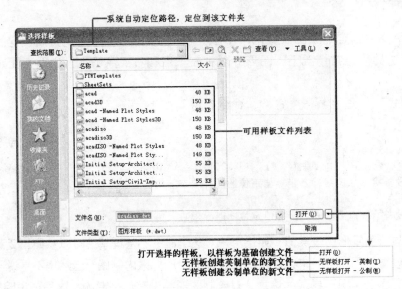。

对于新建文件来说，创建的方式由 STARTUP 系统变量确定，当变量值为 0 时，显示如图 1-11 所示的"选择样板"对话框，打开对话框后，系统自动定位到 AutoCAD 安装目录的样板文件夹中，用户可以选择使用样板和不使用样板创建新图形。

图 1-11　"选择样板"对话框

当 STARTUP 为 1 时，新建文件时弹出如图 1-12 所示的"创建新图形"对话框。系统提供了从草图开始创建、使用样板创建和使用向导创建 3 种方式创建新图形。使用样板创建与"选择样板"对话框的样板"打开"方式类似。

从草图开始创建，提供了如图 1-12 所示的英制和公制两种创建方式，与"选择样板"对话框的"无样板打开-公制"和"无样板打开-英制"类似。

使用向导提供了如图 1-13 所示的"高级设置"和"快速设置"两种创建方式，快速设置比高级设置少几个向导，仅设置单位和区域。以高级设置为例介绍使用向导创建新文件的方法，如表 1-1 所示。

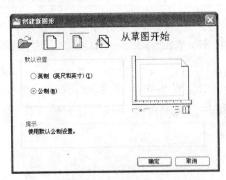

图 1-12　"创建新图形"对话框

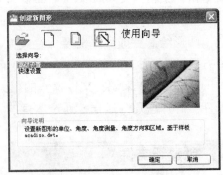

图 1-13　使用向导创建文件

表 1-1　以高级设置向导创建文件

向导说明	向导
"单位"向导用于指定单位的格式和精度。单位格式是用户输入以及程序显示坐标和测量时所采用的格式。单位精度指定用于显示线性测量值的小数位数和分数大小	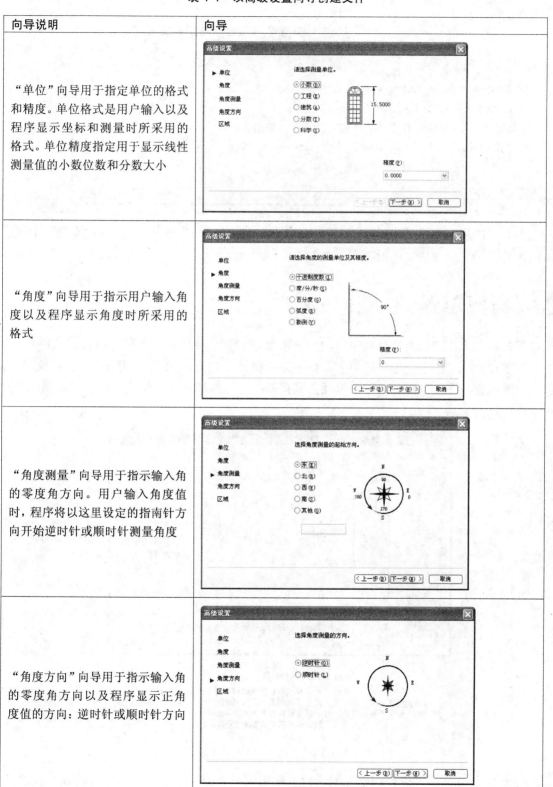
"角度"向导用于指示用户输入角度以及程序显示角度时所采用的格式	
"角度测量"向导用于指示输入角的零度角方向。用户输入角度值时，程序将以这里设定的指南针方向开始逆时针或顺时针测量角度	
"角度方向"向导用于指示输入角的零度角方向以及程序显示正角度值的方向：逆时针或顺时针方向	

（续表）

向导说明	向导
"区域"向导用于指定按绘制图形的实际比例单位表示的宽度和长度。如果栅格设置为开，此设置还将限定栅格点所覆盖的绘图区域	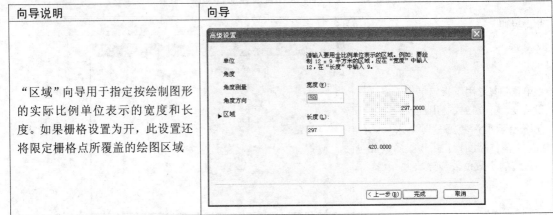

当文件创建完成后，程序中就会显示以DrawingX.dwg命名的新图形文件，X是一个数字，由前面新建了几个图形文件所决定。

1.4.2 打开文件

打开文件最简单的方式是找到 AutoCAD 文件，直接双击打开即可。选择"文件"|"打开"命令或单击"标准"工具栏中的"打开"按钮，打开如图 1-14 所示的"选择文件"对话框，系统提供了"打开"、"以只读方式打开"、"局部打开"和"以只读方式局部打开"4 种方式。

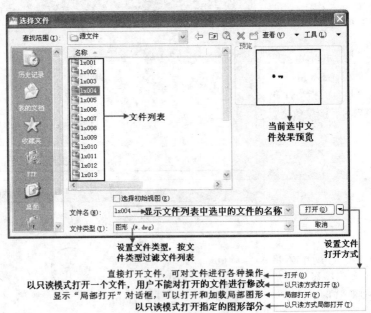

图 1-14 "选择文件"对话框

当以"打开"、"局部打开"方式打开图形时，可以对打开的图形进行编辑；当以"只读方式打开″、″以只读方式局部打开″方式打开图形时，则无法编辑打开的图形。

1.4.3　保存文件

如果第一次保存文件，选择″文件″|″保存″命令弹出如图 1-15 所示的″图形另存为″对话框，用户设置保存路径、保存的文件名称和类型后，即可完成保存。默认情况下，文件以″AutoCAD 2010 图形（*.dwg）″格式保存，用户可以在″文件类型″下拉列表框中选择其他格式保存。

图 1-15　″图形另存为″对话框

选择对话框中的″工具″|″安全选项″命令，弹出如图 1-16 所示的″安全选项″对话框，可以为保存的图形文件设置密码，下次打开文件时就需要用户输入设置的密码。

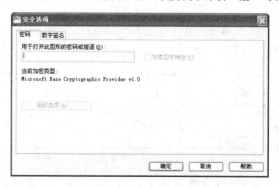

图 1-16　″安全选项″对话框

如果想在当前的文件基础上保存为另外的文件，则可以选择″文件″|″另存为″命令，同样弹出″图形另存为″对话框。

1.4.4　创建样板文件

在如图 1-15 所示的对话框中，用户可以通过″文件类型″下拉列表设置文件类型，如图 1-17 所示。虽然下拉列表列出了多达 12 种选择，给出了针对不同版本的保存文件，但真正的保存文件类型为 DWG、DWT 和 DXF 3 种。

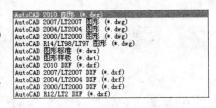

DWG 是最常见的文件保存形式，是 AutoCAD 的图形文件，DWT 是 AutoCAD 的样板文件，DXF 是 AutoCAD 绘图交换文件，用于 AutoCAD 与其他软件之间进行数据交换的文件格式，如果用户要把 AutoCAD 软件导入到其他 CAD 中，可以保存为这种格式。

图 1-17　选择文件类型

如果要保存为样板文件，则选择"AutoCAD 图形样板"，如图 1-18 所示保存路径自动定位到 AutoCAD 自带的样板文件夹中，输入样板的名称，单击"保存"按钮，弹出如图 1-19 所示的"样板选项"对话框，输入样板的说明，单击"确定"按钮，即可完成样板的创建。

图 1-18　保存样板文件

图 1-19　"样板选项"对话框

样板创建完成后，就保存在 AutoCAD 程序自带样板的文件夹里，也可以保存在其他的目录下，如果要使用该样板，打开文件时选择该样板即可。

NO.1.5

图层

在 AutoCAD 中创建图层后，每个图层的坐标系、绘图界限和显示时的缩放倍数是相同的，这样图层才能够叠加，如图 1-20 所示，显示了装潢图纸总平面图中创建的 4 个图层，每个图层上都绘制了不同类型的图形对象，每一类对象有不同的颜色和其他特性。在每层上都创建了图形后，就可以得到如图 1-21 所示的最终效果。

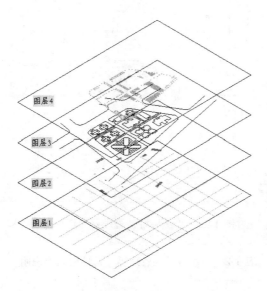

图 1-20　4 个图层示例

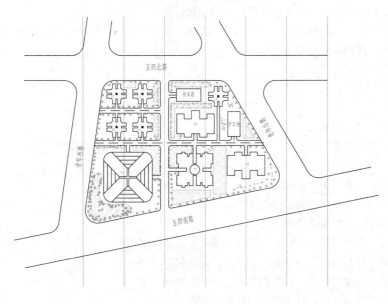

图 1-21　图层叠加效果

1.5.1　创建图层

选择 "格式" | "图层" 命令，弹出如图 1-22 所示 "图层特性管理器" 选项板，对图层的基本操作和管理都是在该对话框中完成的，各部分的功能说明如表 1-2 所示。

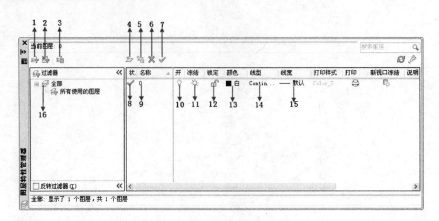

图 1-22　"图层特性管理器"选项板

表 1-2　"图层特性管理器"选项板功能说明

序号	功能
1	显示"图层过滤器特性"对话框，从中可以根据图层的一个或多个特性创建图层过滤器
2	创建图层过滤器，其中包含选择并添加到该过滤器的图层
3	显示图层状态管理器，从中可以将图层的当前特性设置保存到一个命名图层状态中，以后可以再恢复这些设置
4	创建新图层
5	创建新图层，然后在所有现有布局视口中将其冻结
6	删除选定图层
7	将选定图层设置为当前图层
8	设置图层状态：图层过滤器、正在使用的图层、空图层或当前图层
9	显示图层或过滤器的名称，可对名称进行编辑
10	控制打开和关闭选定图层
11	控制是否冻结所有视口中选定的图层
12	控制锁定和解锁选定图层
13	显示"选择颜色"对话框，更改与选定图层关联的颜色
14	显示"选择线型"对话框，更改与选定图层关联的线型
15	显示"线宽"对话框，更改与选定图层关联的线宽
16	显示图形中图层和过滤器的层次结构列表

在"图层特性管理器"选项板刚打开时，默认存在着一个 0 图层，有时候还存在一个 DEFPOINTS 图层，用户可以在这个基础上创建其他的图层，并对图层的特性进行修改，如图层的名称、状态、开关、冻结、锁定、颜色、线型、线宽和打印状态等。

1．新建和删除图层

单击"新建图层"按钮，图层列表中显示新创建的图层，默认名称为"图层 1"，随后图层的名称依次为"图层 2"、"图层 3"……，刚创建时，名称可编辑，用户可以输入图层的名称，如图 1-23 所示。

对于已经命名的图层，选择该图层的名称右击，在弹出的快捷菜单中选择"重命名图层"

命令或者单击鼠标，可以使名称进入可编辑状态，输入新的名称。

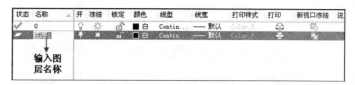

图 1-23　新建图层

用户在删除图层时要注意，只能删除未被参照的图层，图层 0 和 DEFPOINTS、包含对象（包括块定义中的对象）的图层、当前图层以及依赖外部参照的图层都不可以被删除。

2. 设置颜色、线型和线宽

每个图层都可以设置本图层的颜色，这个颜色是指该图层上面的图形对象的颜色。单击颜色特性图标 ■ 白色，弹出如图 1-24 所示的"选择颜色"对话框，用户可以对该图层颜色进行设置。

图 1-24　"索引颜色"选项卡

"选择颜色"对话框有 3 个选项卡，"索引颜色"选项卡如图 1-24 所示，使用 255 种 AutoCAD 颜色索引（ACI）指定颜色设置。

"真彩色"选项卡如图 1-25 所示，使用真彩色（24 位颜色）指定颜色设置。使用真彩色功能时，可以使用一千六百多万种颜色。"真彩色"选项卡上的可用选项取决于指定的颜色模式（HSL 或 RGB）。

"配色系统"选项卡如图 1-26 所示，用户可以使用第三方配色系统或用户定义的配色系统指定颜色。

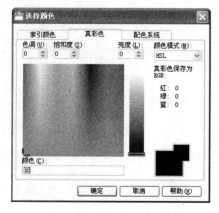

图 1-25　"真彩色"选项卡

图 1-26　"配色系统"选项卡

图层线型是指图层中绘制的图形对象的线型，AutoCAD 提供了标准的线型库，在一个或多个扩展名为.lin 的线型定义文件中定义了线型。AutoCAD 中包含的 LIN 文件为 acad.lin 和 acadiso.lin。

单击线型特性图标 Continuous，弹出如图 1-27 所示的"选择线型"对话框，默认状态下，"线型"列表中仅 Continuous 一种线型。单击"加载"按钮，弹出"加载或重载线型"对话框，用户可以从"可用线型"列表框中选择所需要的线型，单击"确定"按钮返回"选择线型"对话框完成线型加载，选择需要的线型，单击"确定"按钮完成线型的设定。

图 1-27　设置线型

单击线宽特性图标 ——默认，弹出如图 1-28 所示的"线宽"对话框，在"线宽"列表框中选择线宽，单击"确定"按钮完成设置线宽的操作。

3. 控制状态

用户可以通过单击相应的图标控制图层的相应状态，表 1-3 演示了不同图标控制的图层的状态，用户可以通过鼠标单击在左右两个状态间切换。

图 1-28　设置线宽

表 1-3　图层状态的控制

图标	图层状态	图标	图层状态
♀	图层处于打开状态	♀	图层处于关闭状态
☼	图层处于解冻状态	❄	图层处于冻结状态
🔓	图层处于解锁状态	🔒	图层处于锁定状态
🖶	图层图形可打印	🖶⊘	图层图形不可打印

1.5.2　管理图层

在讲解管理图层之前，首先打开"安装盘盘符:\Program Files\AutoCAD 2010\Sample\db_samp.dwg"文件，图层管理的操作将以本图形文件为例。

在阅读的时候，请着重理解图层特性过滤器以及新组过滤器的用法。

1. 图层特性过滤器

图层特性过滤器类似于一个过滤装置，通过过滤留下与过滤器定义的特性相同的图层，这些特性包括名称或如图 1-29 所示的相关特性。在"图层特性管理器"选项板的树状图中选定图层过滤器后，将在图层列表中显示符合过滤条件的图层。

图 1-29　创建图层特性过滤器

按照如图 1-29 所示设置过滤条件，两个过滤条件中"名称"设置为"E*"，表示图层名称首字母为 E，"颜色"设置为 8，表示图层的颜色为 8 号色，设置完成后，用户可以查看预览效果，单击"确定"按钮，完成过滤器的创建，图 1-30 演示了使用该过滤器过滤的效果，图 1-31 演示了反转过滤器的效果。

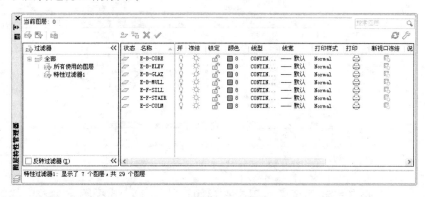

图 1-30　图层特性过滤器的使用

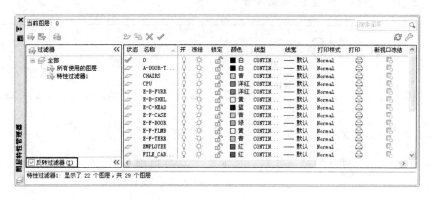

图 1-31　反转过滤器的使用

2. 新组过滤器

新组过滤器是指包括在定义时放入过滤器的图层，而不考虑其名称或特性。在创建完成新组过滤器后，用户可以通过两种方法添加图层，一种是使用快捷菜单，在快捷菜单中选择"选择图层"｜"添加"命令，通过在绘图区选择对象添加图层，另外一种方法就是如图 1-32 所示切换到其他的过滤器中，使图层在列表中显示，拖动到组过滤器中即可，完成后的效果如图 1-33 所示。

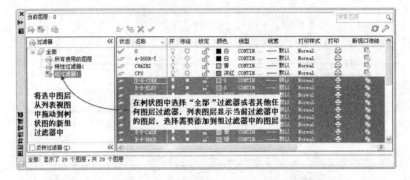

图 1-32 拖动图层到新组过滤器

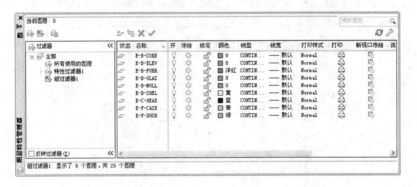

图 1-33 创建完成的新组过滤器

当然，如果不小心多拖动了图层，用户在该组过滤器下，选择图层列表中的图层右击，在弹出的快捷菜单中选择"从组过滤器中删除"命令即可。

NO.1.6
对象特性设置

在进入对象特性的设置之前，先提出如下几个基本的要点：

- 一般来说，在绘制图形对象之前，一定是设置当前图层，也就是说图形对象一定是放在某个图层中的。

- 如果不对图形对象进行特殊的设置，那么在当前图层中绘制的图形对象将继承该图层的特性，譬如颜色、线型、线宽等。

- 当把对象从一个图层移动到另外一个图层时，如果不做特殊设置，该对象将继承另外一个图层的特性。将对象移出图层的方法很简单，选择该对象，在"图层"面板的图层列表中选择目标图层即可。
- 在当前图层中绘制图形对象，如果预先设置了与图层不同的特性，那么该图形对象将使用预先设置，而图形对象仅继承未作预先设置的其他特性。
- 继承图层特性在 AutoCAD 中有一个专有名词叫 ByLayer，也就是随层。
- 如果一个图形对象已经被定义到图块中，或者相应的参照中，那么它的特性可以继承自该图块或者参照，在 AutoCAD 里也有另外一个专有名词，叫 ByBlock，也就是随块。
- 在图形对象创建完成后，已经赋予了相关的特性，用户可以使用"特性"工具栏对其特性进行相应修改。

1.6.1　颜色设置

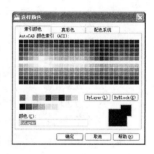

选择"格式"|"颜色"命令，弹出如图 1-34 所示的"选择颜色"对话框，请用户注意与图 1-24 的不同，ByLayer 和 ByBlock 按钮在图 1-34 中都变得可用，表示用户可以将要绘制的图形对象颜色设置为随层或者随块。

当然，用户也可以在如图 1-35 所示的"特性"工具栏的颜色下拉列表中设置相应的颜色，需要绘制的图形对象将显示设置的颜色。

图 1-34　设置对象颜色

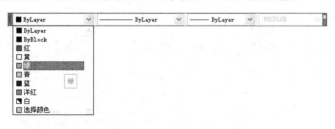

图 1-35　颜色下拉列表

请用户注意，这里的设置仅对在设置完成后绘制的图形对象有效。

1.6.2　线型设置

选择"格式"|"线型"命令，弹出如图 1-36 所示的"线型管理器"对话框，用户从线型列表中选择需要的线型，置为当前，单击"确定"按钮，即可完成线型的设置。

另外，用户还可以对当前线型的其他参数进行设置，单击"显示细节"按钮会弹出"详细信息"选项组，各参数含义如下：

- "名称"文本框显示选定线型的名称，可以编辑该名称。

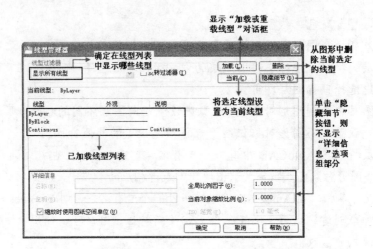

图 1-36 "线型管理器"对话框

- "说明"文本框显示选定线型的说明，可以编辑该说明。
- "缩放时使用图纸空间单位"复选框控制是否按相同的比例在图纸空间和模型空间缩放线型，当使用多个视口时，该选项很有用。
- "全局比例因子"文本框用于设置所有线型的全局缩放比例因子。
- "当前对象缩放比例"文本框用于设置新建对象的线型比例，生成的比例是全局比例因子与该对象的比例因子的乘积。
- "ISO 笔宽"文本框表示将线型比例设置为标准 ISO 值列表中的一个。生成的比例是全局比例因子与该对象的比例因子的乘积。

当然，用户也可以在如图 1-37 所示的"特性"工具栏的线型下拉列表中设置相应的颜色，需要绘制的图形对象将显示设置的线型，如果没有合适的线型，可以选择"其他"命令来加载线型。

图 1-37 "特性"工具栏的线型下拉列表

1.6.3 线宽设置

选择"格式"|"线宽"命令，弹出如图 1-38 所示的"线宽设置"对话框，用户从"线宽"列表中选择合适的线宽，单击"确定"按钮即可设置当前线宽，各参数含义如下：

图 1-38 "线宽设置"对话框

- "线宽"列表显示可用线宽值，包括 ByLayer、ByBlock 和"默认"在内的标准设置。
- "当前线宽"显示当前选定的线宽。

- "列出单位"选项组设置线宽是以毫米显示还是以英寸显示。
- "显示线宽"复选框控制线宽是否在当前图形中显示。如果选择此选项,线宽将在模型空间和图纸空间中显示。
- "默认"下拉列表用于设置图层的默认线宽。
- "调整显示比例"滑块控制"模型"选项卡上线宽的显示比例。

当然,用户也可以在如图 1-39 所示的"特性"工具栏的线宽下拉列表中设置相应的线宽,需要绘制的图形对象将显示设置的线宽。

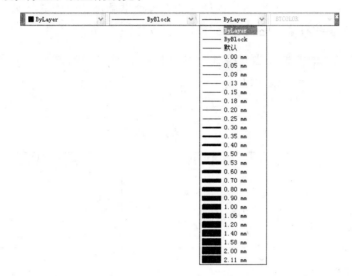

图 1-39　线宽下拉列表

NO.1.7
选择目标对象

　　AutoCAD 提供了两种编辑图形的顺序:先输入命令,后选择要编辑的对象;先选择对象,然后进行编辑。这两种方法可以结合习惯和命令要求灵活使用。

　　为了编辑方便,将一些对象组成一组,对象可以是一个,也可以是多个,称之为选择集。用户在进行复制、粘贴等编辑操作时,都需要选择对象,也就是构造选择集,建立选择集以后,可以将这组对象作为整体进行操作。

　　需要选择对象时,命令行有提示,比如"选择对象:"。根据命令的要求,用户选取线段、圆弧等对象,以进行后面的操作。

　　用户可以通过 3 种方式构造选择集:单击对象直接选择、窗口选择(左选)和交叉窗口选择(右选)。

- 单击对象直接选择:当命令行提示"选择对象:"时,绘图区出现拾取框光标,将光标移动到某个图形对象上，单击鼠标左键，则可选择与光标有公共点的图形对象，被选中的对象呈高亮显示。单击对象直接选择的方式适合构造选择集的对象较少的情况，对于构造选择集的对象较多的情况就需要使用另外两种选择方式了。

- 窗口选择（左选）。当需要选择的对象较多时，可以使用窗口选择方式，这种选择方式与 Windows 的窗口选择类似。首先单击鼠标左键，将光标沿右下方拖动，再次单击鼠标左键，形成选择框，选择框成实线显示。被选择框完全包含的对象将被选择。
- 交叉窗口选择（右选）。交叉窗口选择（右选）与窗口选择（左选）的选择方式类似，所不同的是光标往左上移动形成选择框，选择框呈虚线，只要与交叉窗口相交或者被交叉窗口包容的对象，都将被选择。

选择对象的方法有很多种，当对象处于被选择状态时，该对象呈高亮显示。如果是先选择后编辑，则被选择的对象上还出现控制点，3 种选择方式在不同情况下的选择情况如表 1-4 所示。

表 1-4　选择方式对比

选择方式	先选择后执行"编辑"命令		先执行"编辑"命令后选择	
单击对象直接选择				
窗口选择（左选）				
交叉窗口选择（右选）				

在选择完图形对象后，用户可能还需要在选择集中添加或删除对象。添加图形对象时，可以采用如下方法：

- 按 Shift 键，单击要添加的图形对象。
- 使用直接单击对象的选择方式选取要添加的图形对象。
- 在命令行中输入 A 命令，然后选择要添加的对象。

需要删除对象时，可以采用如下方法：

- 按 Shift 键，单击要删除的图形对象。
- 在命令行中输入 R 命令，然后选择要删除的对象。

NO.1.8
快速缩放和平移

如果要使整个视图显示在屏幕内，就要缩小视图；如果要在屏幕中显示一个局部对象，就要放大视图，这是视图的缩放操作。要在屏幕中显示当前视图不同区域的对象，就需要移动视图，这是视图的平移操作。AutoCAD 提供了视图缩放和视图平移功能，以方便用户观察和编辑图形对象。

1.8.1　缩放视图

选择"视图"|"缩放"命令，在弹出的级联菜单中选择合适的命令，或单击如图 1-40 所示的"缩放"工具栏中合适的按钮，或者在命令行中输入 ZOOM 命令，都可以执行相应的视图缩放操作。

图 1-40　"缩放"工具栏

在命令行中输入 ZOOM 命令，命令行提示如下。

命令：ZOOM
指定窗口的角点，输入比例因子（nX 或 nXP），或者
[全部(A)/中心(C)/动态(D)/范围(E)/上一个(P)/比例(S)/窗口(W)/对象(O)] <实时>：

命令行中不同的选项代表了不同的缩放方法，下面介绍几种常用的缩放方式。

1．全部缩放

在命令行中输入 ZOOM 命令，然后在命令行提示中输入 A，按下回车键，则在视图中将显示整个图形，并显示用户定义的图形界限和图形范围。

对图 1-41 进行全部缩放的效果如图 1-42 所示。

图 1-41　未全部缩放效果

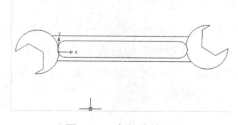

图 1-42　全部缩放效果

2．范围缩放

在命令行中输入 ZOOM 命令，然后在命令行提示中输入 E，按下回车键，则在视图中将尽可能大地包含图形中所有对象的放大比例显示视图。视图包含已关闭图层上的对象，但不包含冻结图层上的对象。

对图 1-43 进行范围缩放的效果如图 1-44 所示。

图 1-43　未进行范围缩放效果　　　　　　　图 1-44　进行范围缩放效果

3．显示上一个视图

在命令行中输入 ZOOM 命令，然后在命令行提示中输入 P，按下回车键，则显示上一个视图。

4．比例缩放

在命令行中输入 ZOOM 命令，然后在命令行提示中输入 S，按下回车键，命令行提示如下。

```
命令：ZOOM
指定窗口的角点，输入比例因子（nX 或 nXP），或者
[全部(A)/中心(C)/动态(D)/范围(E)/上一个(P)/比例(S)/窗口(W)/对象(O)] <实时>：s
输入比例因子(nX 或 nXP)：
```

这种缩放方式能够按照精确的比例缩放视图，按照要求输入比例后，系统将以当前视图中心为中心点进行比例缩放。系统提供了 3 种缩放方式：第 1 种是相对于图形界限的比例进行缩放，较少使用；第 2 种是相对于当前视图的比例进行缩放，输入方式为 nX；第 3 种是相对于图纸空间单位的比例进行缩放，输入方式为 nXP。图 1-45 为基准图，图 1-46 为输入 2X 后的图形，图 1-47 为输入 2XP 后的图形。

5．窗口缩放

窗口缩放方式用于缩放一个由两个对角点所确定的矩形区域，在图形中指定一个缩放区域，AutoCAD 将快速地放大包含在区域中的图形。窗口缩放使用非常频繁，但是仅能用来放大图形对象，不能缩小图形对象，而且窗口缩放是一种近似的操作，在图形复杂时可能要多次操作才能得到所要的效果。

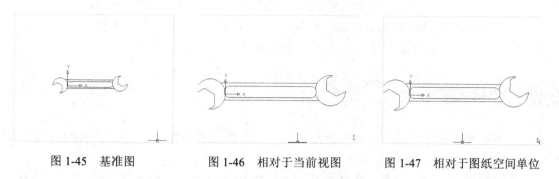

图 1-45　基准图　　　　　图 1-46　相对于当前视图　　　　图 1-47　相对于图纸空间单位

在命令行中输入 ZOOM 命令，然后在命令行提示中输入 W，按下回车键，命令行提示如下。

```
命令：ZOOM                          //输入缩放命令
指定窗口的角点，输入比例因子 (nX 或 nXP)，或者//系统提示信息
[全部(A)/中心(C)/动态(D)/范围(E)/上一个(P)/比例(S)/窗口(W)/对象(O)] <实时>: w
                                   //使用窗口缩放
指定第一个角点：                     //选择如图 1-49 所示的 1 点
指定对角点：                         //选择如图 1-49 所示的 2 点
```

如图 1-48 所示为基准图形，按照如图 1-49 所示选择窗口后，缩放图如图 1-50 所示。

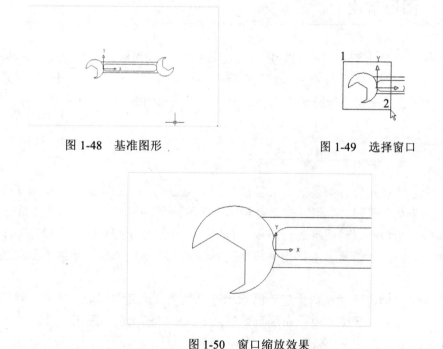

图 1-48　基准图形　　　　　　　　　　　图 1-49　选择窗口

图 1-50　窗口缩放效果

6．实时缩放

实时缩放开启后，视图会随着鼠标左键操作的同时进行缩放。当执行实时缩放后，光标将变成一个放大镜形状 ，按住鼠标左键向上移动将放大视图，向下移动将缩小视图。如果鼠标移动到窗口的尽头，可以松开鼠标左键，将鼠标移回到绘图区域，然后再按住鼠标左键拖动光标继续缩放。视图缩放完成后按 Esc 键或按下回车键完成视图的缩放。

在命令行中输入 ZOOM 命令，然后在提示中直接按下回车键，或者单击"标准"工具栏或者状态栏中的"实时缩放"按钮🔍，即可对图形进行实时缩放。

1.8.2 平移视图

当在图形窗口中不能显示所有的图形时，就需要进行平移操作，以便用户查看图形的其他部分。

单击"标准"工具栏或者状态栏中的"实时平移"按钮✋，或选择"视图"|"平移"|"实时"命令，或在命令行中输入 PAN，然后按下回车键，光标将变成手形✋，可以对图形对象进行实时平移。

当然，选择"视图"|"平移"命令，在弹出的级联菜单中还有其他平移命令，同样可以进行平移操作，不过不太常用，这里不再赘述。

NO. 1.9
图形输出

装潢图形的输出是整个设计过程的最后一步，即将设计成果展示在图纸上。AutoCAD 2010 为用户提供了两种并行的工作空间：模型空间和图纸空间。一般来说，用户在模型空间进行图形设计，在图纸空间里进行打印输出，下面讲解如何输出图形。

1.9.1 创建布局

在模型空间中能够创建任意类型的二维模型和三维模型，图纸空间实际上提供了模型的多个"快照"。一个布局代表一张可以使用各种比例显示一个或多个模型视图的图纸。

在图纸空间中，用户可以对图纸进行布局。布局是一种图纸空间环境，它模拟显示中的图纸页面，提供直观的打印设置，主要用来控制图形的输出，布局中所显示的图形与图纸页面上打印出来的图形完全一样。

在图纸空间中可以创建浮动视口，还可以添加标题栏或其他几何图形。另外，可以在图形创建多个布局以显示不同视图，每个布局可以包含不同的打印比例和图纸尺寸。

在 AutoCAD 2010 中建立一个新图形时，AutoCAD 会自动建立一个"模型"选项卡和两个"布局"选项卡，AutoCAD 2010 提供了"从开始建立布局"、"利用样板建立布局"和"利用向导建立布局" 3 种创建新布局的方法。

启动 AutoCAD 2010，创建一个新图形，系统会自动给该图形创建两个布局。在"布局 2"选项卡上右击鼠标，从弹出的快捷菜单中选择"新建布局"命令，系统会自动添加一个名为"布局 3"的布局。

一般不建议使用系统提供的样板来建立布局，系统提供的样板不符合我国的国标。可以

通过向导来创建布局，选择"工具"|"向导"|"创建布局"命令，即可启动创建布局向导。

1.9.2　创建打印样式

打印样式用于修改打印图形的外观。在打印样式中，用户可以指定端点、连接和填充样式，也可以指定抖动、灰度、笔指定和淡显等输出效果。如果需要以不同的方式打印同一图形，也可以使用不同的打印样式。

用户可以在打印样式表中定义打印样式的特性，将它附着到"模型"标签和布局上去。如果给对象指定一种打印样式，然后将包含该打印样式定义的打印样式表删除，则该打印样式将不起作用。通过附着不同的打印样式表到布局上，可以创建不同外观的打印图纸。

选择"工具"|"向导"|"添加打印样式表"命令，可以启动添加打印样式表向导，创建新的打印样式表。选择"文件"|"打印样式管理器"命令，弹出 Plot Styles 窗口，用户可以在其中找到新定义的打印样式管理器，以及系统提供的打印样式管理器。

1.9.3　打印图形

选择"文件"|"打印"命令，弹出如图 1-51 所示的"打印"对话框，在该对话框中可以对一些打印参数进行设置。

图 1-51　"打印"对话框

- 在"页面设置"选项组中的"名称"下拉列表框中可以选择所要应用的页面设置名称，也可以单击"添加"按钮添加其他的页面设置，如果没有进行页面设置，可以选择"无"选项。
- 在"打印机/绘图仪"选项组中的"名称"下拉列表框中可以选择要使用的绘图仪。选择"打印到文件"复选框，则图形输出到文件后再打印，而不是直接从绘图仪或者打印机打印。
- 在"图纸尺寸"选项组的下拉列表框中可以选择合适的图纸幅面，并且在右上角可以预览图纸幅面的大小。
- 在"打印区域"选项组中，"打印范围"下拉列表有 4 种选项用来确定打印范围："图形界限"选项表示打印布局时，将打印指定图纸尺寸的页边距内的所有内容，其原点从布局中的（0,0）点计算得出，从"模型"选项卡打印时，将打印图形界限定义的整个图形区域；"显示"选项表示打印选定的"模型"选项卡当前视口中的视图或布局中的当前图纸空间视图；"窗口"选项表示打印指定的图形的任何部分，这是直接在模型空间打印图形时最常用的方法，选择"窗口"选项后，命令行会提示用户在绘图区指定打印区域；"范围"选项用于打印图形的当前空间部分（该部分包含对象），当前空间内的所有几何图形都将被打印。

- 在"打印比例"选项组中，当选中"布满图纸"复选框后，其他选项显示为灰色，不能更改。取消"布满图纸"复选框，用户可以对比例进行设置。

- 单击"打印"对话框右下角的 ⊙ 按钮，则展开"打印"对话框，如图 1-52 所示。在展开选项中，可以在"打印样式表"选项组的下拉列表框中选择合适的打印样式表，在"图形方向"选项组中可以选择图形打印的方向和文字的位置，如果选中"上下颠倒打印"复选框，则打印内容将要反向。

- 单击"预览"按钮可以对打印图形效果进行预览，若对某些设置不满意可以返回修改。在预览中，按下回车键可以退出预览，返回"打印"对话框，单击"确定"按钮进行打印。

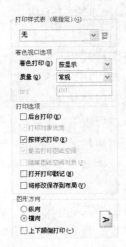

图 1-52　"打印"对话框的展开部分

1.9.4　创建 Web 页

网上发布向导为创建包含 AutoCAD 图形的 DWF、JPEG 或 PNG 图像的格式化网页提供了简化的界面。

- DWF 格式不会压缩图形文件。
- JPEG 格式采用有损压缩，即丢弃一些数据以减小压缩文件的大小。
- PNG（便携式网络图形）格式采用无损压缩，即不丢失原始数据就可以减小文件的大小。

使用网上发布向导，即使不熟悉 HTML 编码，也可以快速且轻松地创建出精彩的格式化网页。创建网页之后，可以将其发布到 Internet 或 Intranet 上。

使用网上发布向导的操作步骤如下。

1 选择"文件"|"网上发布"命令，打开网上发布向导，如图 1-53 所示。

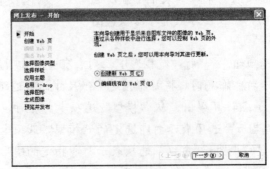

图 1-53　网上发布向导

2 单击"下一步"按钮，继续执行向导。在"网上发布－创建 Web 页"对话框中的"指定 Web 页的名称"文本框中输入 Web 文件名称，在"指定文件系统中 Web 页文件夹的上级目录"中设置文件的保存位置，在"提供显示在 Web 页上的说明"文本框中输入说明。

3 单击"下一步"按钮，继续执行向导。选择图像类型，包括 DWF、JPEG 和 PNG 共 3 种格式，这里选择 DWF；选择图像大小，包括小、中、大、极大 4 种。

4 单击"下一步"按钮，继续执行向导。选择 4 种样板中的一种，在右侧可以预览其基本样式。

5 单击"下一步"按钮，继续执行向导。选择 7 种主题中的一种，在下侧可以预览其效果。

6 单击"下一步"按钮，继续执行向导。为了方便他人使用创作的 AutoCAD 文件，建议选中"启用 i-drop"复选框。

7 单击"下一步"按钮，继续执行向导。在"图形"下拉列表框中可以选择需要发布的图形文件，或者单击 按钮打开"网上发布"对话框，从对话框里选择需要发布的图形对象，单击"添加"按钮将需要生成的图像添加到右侧的图像列表中。

8 单击"下一步"按钮，继续执行向导，选择生成图像的方式。

9 单击"下一步"按钮，继续执行向导。网上发布开始进行，弹出"打印作业进度"对话框，完成后，打开"网上发布－预览并发布"对话框。

10 单击"预览"按钮，在 Internet Explorer 中预览 Web 页效果。

11 单击"立即发布"按钮，打开"发布 Web"对话框，发布 Web 页。之后才可单击"发送电子邮件"按钮，启动发送电子邮件的软件发送邮件。

12 单击"完成"按钮，结束页面的发布。

如果在"网上发布－选择图像类型"向导的文本框中设置图像类型为 JPEG，图像大小为"小"，则发布出的 Web 页如图 1-54 所示。

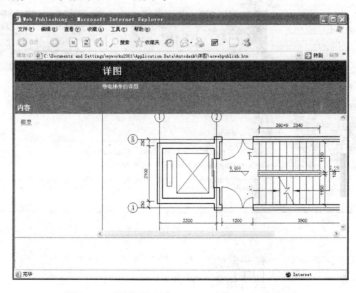

图 1-54　图像类型为 JPEG 时的 Web 发布页

NO.1.10
帮助

选择"帮助"|"帮助"命令，或单击"标准"工具栏中的"帮助"按钮，或按 F1 键，弹出"帮助"对话框，包括"目录"、"索引"、"搜索"3 个选项卡，用户可以从中获取相应的帮助。

- "目录"选项卡以主题和次主题列表的形式显示可用文档的概述，允许用户通过选择和展开主题进行浏览，当选择需要浏览的主题后，在右边的窗格中显示出相关的帮助信息。用户经常会用到的是"用户手册"和"命令手册"。

- "索引"选项卡按字母顺序显示了与"目录"选项卡中的主题相关的关键字，在"键入要查找的关键字"文本框中输入要检索的帮助主题的前几个字母，列表框中会显示相应的帮助主题，选择所需的帮助主题，可在右边的窗格中显示出帮助信息。

- "搜索"选项卡提供了在"索引"选项卡上列出的所有主题的关键字搜索。在"键入要搜索的文字"文本框中输入要搜索的主题包含的文字，单击"搜索"按钮，列表中列出该文字的主题，双击主题可在右边的窗格中显示出相关的帮助信息。

一般来说，"索引"和"搜索"选项卡是最常用的两个选项卡，譬如我们要搜索"帮助"的使用，如图 1-55 所示，在"键入要搜索的文字"文本框中输入 help，则可列出与帮助相关的主题。

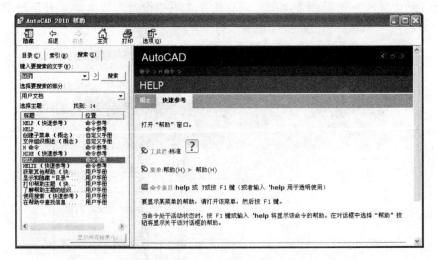

图 1-55　使用帮助

帮助功能对于初学者来讲，有一定的效果，但是不大，对于很多问题，AutoCAD 的帮助仅仅给出了官方的解释，而没有给出用法，所以对于用户来说，挑选一本好的参考书实际上是最重要的。

NO. 1.11

习题

一、填空题

（1）AutoCAD 2010 提供了一些预设的工作空间，包括：____、____和____。

（2）当系统变量 STARTUP 设置为____时，用户新建文件将弹出"选择模板"对话框。

（3）AutoCAD 的文件保存类型有____、____、____3 种。

（4）用户在选择对象时，可以通过____、____、____3 种常见的选择方式选择对象。

（5）在"二维草图与注释"工作空间中，用户主要通过____进行各种操作。

二、选择题

（1）在"二维草图与注释"空间中，____界面元素不存在。

　　A．工具栏　　　　　　B．菜单浏览器　　　C．菜单栏　　　　　　　D．功能区

（2）下面的____命令不是透明命令。

　　A．缩放　　　　　　　B．平移　　　　　　C．帮助　　　　　　　　D．直线

（3）下面的____图层可以被删除。

　　A．未被参照的图层　B．0 图层　　　　　C．定义了图块的图层　D．当前图层

（4）____文件的打开方式允许用户打开局部图形，但是不允许用户对图形进行编辑操作。

　　A．直接打开　　　　　　　　　　　　B．以只读方式打开

　　C．局部打开　　　　　　　　　　　　D．以只读方式局部打开

（5）图层在____状态控制下，不允许对该图层的内容进行编辑。

　　A．　　　　　　　B．　　　　　　　C．　　　　　　　D．

三、简答题

（1）简要叙述 AutoCAD 中命令执行的方式，区分命令与系统变量。

（2）简要叙述图层特性过滤器的创建方法。

（3）简要叙述对象特性的种类，并阐述修改对象特性的方法。

第2章

装饰装潢制图中的二维绘图技术

　　在装饰装潢图形中，二维图形对象都是通过一些基本二维图形的绘制，以及在此基础上的编辑得到的。AutoCAD 提供了大量的基本图形绘制命令和二维图形编辑命令，用户通过这些命令的结合使用，可以方便而快速地绘制出二维图形对象。

　　本章介绍 AutoCAD 中平面坐标系的基本定义，二维平面图形的基本绘制和编辑方法，通过本章的学习，用户可以掌握 AutoCAD 中二维图形的基本绘制方法。

NO.2.1
使用平面坐标系

　　在讲解绘制基本的图形之前，需要读者先了解坐标的概念。对于每个点来说，其位置都是由坐标决定的，每个坐标唯一地确定了一个点。在平面制图中，主要会使用到笛卡儿坐标系和极坐标，用户可以在指定坐标时任选一种。

　　所谓笛卡儿坐标系，有 3 个轴，即 X 轴、Y 轴和 Z 轴。输入坐标值时，需要指示沿 X 轴、Y 轴和 Z 轴相对于坐标系原点（0,0,0）或者其他点的距离（以单位表示）及其方向（正或负）。在平面制图中，可以省略 Z 轴的距离和方向。

　　所谓极坐标系，是指用数字代表距离、用角度代表方向来确定点的位置，角度为该点与原点的连线和 X 轴的夹角，规定角度以 X 轴的正方向为 0°，按逆时针方向增大。如果距离值为正，则代表与方向相同，为负则代表与方向相反，距离和角度之间用 "<" 号分开。

　　笛卡儿坐标系和极坐标系又可分为绝对和相对坐标系，下面分别讲解。

1. 绝对坐标

　　表示以当前坐标系的原点为基点，绝对笛卡儿坐标系，表示输入的坐标值，是相对于原点（0,0,0）而确定的，表示方法为（X,Y,Z）。绝对极坐标系的表示方法为（ρ<θ），其中 ρ 表示点到原点的距离，θ 表示点与原点的连线与 X 轴正方向的角度。

2. 相对坐标

　　以前一个输入点为输入坐标点的参考点，取它的位移增量，相对笛卡儿坐标形式为 ΔX、ΔY、ΔZ，输入方法为（@ΔX,ΔY,ΔZ）。"@" 表示输入的为相对坐标值，相对极坐标系的表示方法为（@Δρ<θ），其中 ΔX、ΔY、ΔZ 分别表示坐标点相对于前一个点分别在 X、

Y、Z 方向上的增量，Δρ 表示坐标点相对于前一个输入点的距离，θ 表示坐标点与前一个输入点的连线与 X 轴正方向的角度。

表 2-1 中列出了一些坐标，可以通过后面的解释对笛卡儿坐标系和极坐标系有个比较清晰的认识。备注：相对坐标的前一输入点均为点 A，坐标为（5,3,6）。

表 2-1 对笛卡儿坐标系和极坐标系的说明

坐标形式	说明	图例说明
（20,30,50）	表示X方向与原点距离为20，Y方向与原点距离为30，Z方向与原点距离为50，在平面图中与Z方向的距离表现不出来	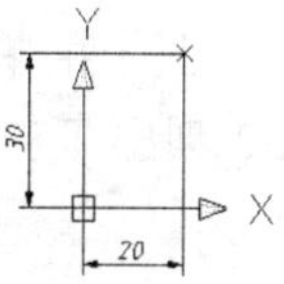
（@20,30,50）	表示X方向，与点A距离为20，Y方向与点A距离为30，Z方向与点A距离为50，转换为与原点的距离就是，在X、Y、Z方向的距离分别为20+5＝25，30+3＝33，50+6＝56	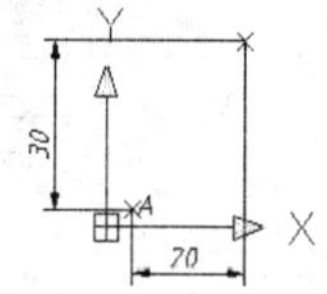
（40<30）	表示点与原点的距离为40，与X轴正方向的角度为30°，这里的度数使用十进制的度数表示法	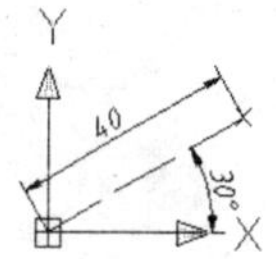
（@40<π/4）	表示点与点A的距离为40，点与点A的连线与X轴正方向的角度为π/4，也就是45°，这里需要注意的是，虽然坐标的形式可以表示为π/4的形式，但是AutoCAD在输入坐标的时候并不支持这样的输入，需要读者将π/4转换为十进制、度/分/秒、百分度或者弧度表示法，最经常使用的还是十进制表示法	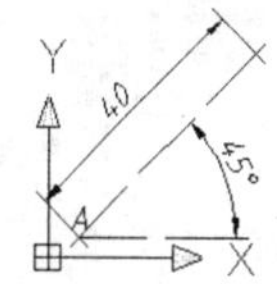
（-40<-30）	表示点与原点的距离为40，点与原点的连线与X轴正方向成30°角，注意这里距离值也为负值	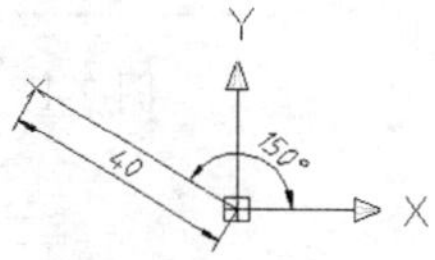
（40<-30）	表示点与原点的距离为40，点与原点的连线与X轴正方向成-30°角，也就是330°角	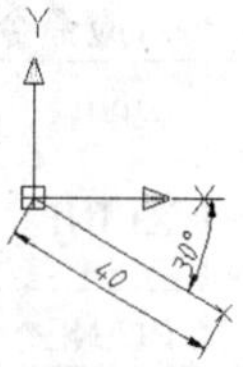
（@40,-10）	表示点与点A在X轴方向的距离为40，在Y轴方向的距离为-10，在Z轴方向的距离为0，所以这里省略，同样的，在绝对坐标系中，省略Z轴坐标，表示该坐标为0	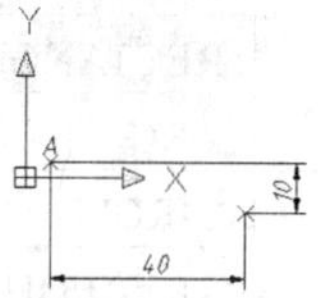

NO.2.2
基本绘图命令

在后面的介绍中，将采用"AutoCAD 经典"工作空间演示 AutoCAD 的操作。在"AutoCAD 经典"工作空间的界面中，用户可以通过如图 2-1 所示的"绘图"工具栏或者通过如图 2-2 所示的"绘图"菜单的子菜单命令绘制各种常见的基本图形，也可以直接在状态栏中输入命令，表 2-2 列出了工具栏按钮、菜单和命令的相应说明。

图 2-1　"绘图"工具栏　　　　　　　　图 2-2　"绘图"菜单

表 2-2　基本绘图命令的功能说明

按钮	对应命令	菜单操作	功能
	LINE	"绘图"｜"直线"	绘制一条或者多条相连的直线段
	XLINE	"绘图"｜"构造线"	绘制构造线，向两个方向无限延伸的直线称为构造线
	PLINE	"绘图"｜"多段线"	绘制多段线
	POLYGON	"绘图"｜"正多边形"	绘制正三角形、正方形等正多边形
	RECTANG	"绘图"｜"矩形"	绘制日常所说的长方形
	ARC	"绘图"｜"圆弧"	绘制圆弧，圆弧是圆的一部分
	CIRCLE	"绘图"｜"圆"	绘制圆
	REVCLOUD	"绘图"｜"修订云线"	绘制修订云线，装饰装潢制图中很少用

（续表）

按钮	对应命令	菜单操作	功能
~	SPLINE	"绘图"|"样条曲线"	绘制样条曲线
⬭	ELLIPSE	"绘图"|"椭圆"	绘制椭圆
⌒	ELLIPSE	"绘图"|"椭圆"|"圆弧"	绘制椭圆弧
⊡	BLOCK	"绘图"|"块"|"创建"	弹出"块定义"对话框，定义新的图块
·	POINT	"绘图"|"点"	创建多个点
⬚	BHATCH	"绘图"|"图案填充"	创建填充图案
▦	GRADIENT	"绘图"|"渐变色"	创建渐变色
◎	REGION	"绘图"|"面域"	创建面域
▦	TABLE	"绘图"|"表格"	创建表格
A	MTEXT	"绘图"|"文字"|"多行文字"	创建多行文字

2.2.1　绘制直线

直线是 AutoCAD 中最基本的图形，也是绘图过程中用得最多的图形，执行 LINE 命令后，命令行提示如下。

```
命令: _line
指定第一点:                          //通过坐标方式或者光标拾取方式确定直线第一点 A
指定下一点或 [放弃(U)]:              //通过其他方式确定直线第二点 B
指定下一点或 [放弃(U)]:              //以上一点为起点绘制第二条直线，该点为第二条直线的第二点 C
指定下一点或 [闭合(C)/放弃(U)]://以上一点为起点绘制第三条直线，该点为第三条直线的第二
                                  点，依次类推，这里按下回车键，效果如图 2-3 所示
```

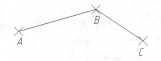

图 2-3　绘制直线

2.2.2　绘制构造线

构造线可用做创建其他对象的参照，执行 XLINE 命令，命令行提示如下。

```
命令: _xline
指定点或 [水平(H)/垂直(V)/角度(A)/二等分(B)/偏移(O)]:
```

命令行给出了 6 种绘制构造线的方法，如表 2-3 所示。

第
2
章

表2-3 创建构造线方式

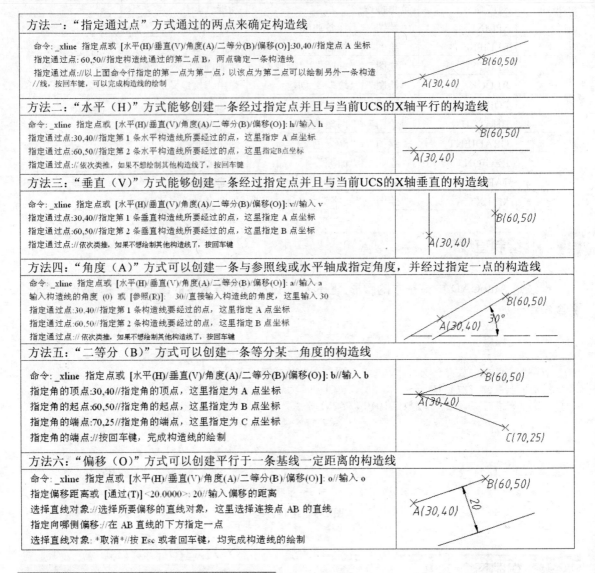

方法一："指定通过点"方式通过的两点来确定构造线

命令: _xline 指定点或 [水平/垂直(V)/角度(A)/二等分(B)/偏移(O)]:30,40//指定点A坐标
指定通过点:60,50//指定构造线通过的第二点B，两点确定一条构造线
指定通过点://以上面命令行指定的第一点为第一点，以该点为第二点可以绘制另外一条构造
//线，按回车键，可以完成构造线的绘制

方法二："水平（H）"方式能够创建一条经过指定点并且与当前UCS的X轴平行的构造线

命令: _xline 指定点或 [水平(H)/垂直(V)/角度(A)/二等分(B)/偏移(O)]: h//输入 h
指定通过点:30,40//指定第1条水平构造线所要经过的点，这里指定 A 点坐标
指定通过点:60,50//指定第2条水平构造线所要经过的点，这里指定B点坐标
指定通过点://依次类推，如果不想绘制其他构造线了，按回车键

方法三："垂直（V）"方式能够创建一条经过指定点并且与当前UCS的X轴垂直的构造线

命令: _xline 指定点或 [水平(H)/垂直(V)/角度(A)/二等分(B)/偏移(O)]: v//输入 v
指定通过点:30,40//指定第1条垂直构造线所要经过的点，这里指定 A 点坐标
指定通过点:60,50//指定第2条垂直构造线所要经过的点，这里指定 B 点坐标
指定通过点://依次类推，如果不想绘制其他构造线了，按回车键

方法四："角度（A）"方式可以创建一条与参照线或水平轴成指定角度，并经过指定一点的构造线

命令: _xline 指定点或 [水平(H)/垂直(V)/角度(A)/二等分(B)/偏移(O)]: a//输入 a
输入构造线的角度 (0) 或 [参照(R)]: 30//直接输入构造线的角度，这里输入30
指定通过点:30,40//指定第1条构造线要经过的点，这里指定 A 点坐标
指定通过点:60,50//指定第2条构造线要经过的点，这里指定 B 点坐标
指定通过点://依次类推，如果不想绘制其他构造线了，按回车键

方法五："二等分（B）"方式可以创建一条等分某一角度的构造线

命令: _xline 指定点或 [水平(H)/垂直(V)/角度(A)/二等分(B)/偏移(O)]: b//输入 b
指定角的顶点:30,40//指定角的顶点，这里指定为 A 点坐标
指定角的起点:60,50//指定角的起点，这里指定为 B 点坐标
指定角的端点:70,25//指定角的端点，这里指定为 C 点坐标
指定角的端点://按回车键，完成构造线的绘制

方法六："偏移（O）"方式可以创建平行于一条基线一定距离的构造线

命令: _xline 指定点或 [水平(H)/垂直(V)/角度(A)/二等分(B)/偏移(O)]: o//输入 o
指定偏移距离或 [通过(T)]<20.0000>: 20//输入偏移的距离
选择直线对象://选择所要偏移的直线对象，这里选择连接点 AB 的直线
指定向哪侧偏移://在 AB 直线的下方指定一点
选择直线对象://取消//按 Esc 或者回车键，均完成构造线的绘制

2.2.3 绘制多段线

多段线是作为单个对象创建的相互连接的序列线段，用户可以创建直线段、弧线段或两者的组合线段。多段线是一个单一的对象，执行 **PLINE** 命令，命令行提示如下：

```
命令: _pline
指定起点:              //指定多段线的第1点
当前线宽为 0.0000      //提示当前线宽，第1次使用显示默认线宽 0，多次使用显示上一次线宽
指定下一个点或 [圆弧(A)/半宽(H)/长度(L)/放弃(U)/宽度(W)]:
                      //依次指定多段线的下一个点，或者输入其他的选项
指定下一点或 [圆弧(A)/闭合(C)/半宽(H)/长度(L)/放弃(U)/宽度(W)]:
```

在命令行中，除〞圆弧(A)〞选项是线型转换参数外，其他参数都是对当前绘制的多段线属性进行设置，表 2-4 中显示了对各个属性进行的解释说明。

表 2-4　多段线的属性设置说明

选项	命令行	说明	图例
半宽(H)	… 指定起点半宽 <0.0000>: 2 指定端点半宽 <2.0000>: 4 …	用于指定从多段线线段的中心到其一边的宽度	
长度(L)	… 指定直线的长度: 20 …	用于在与前一线段相同的角度方向上绘制指定长度的直线段	
放弃(U)	-	用于删除最近一次添加到多段线上的直线段或者弧线	
宽度(W)	… 指定起点宽度 <0.0000>: 4 指定端点宽度 <4.0000>: 8 …	用于设置指定下一条直线段或者弧线的宽度	
闭合(C)	-	从指定的最后一点到起点绘制直线段或者弧线，从而创建闭合的多段线	

当用户执行〞圆弧(A)〞选项时，多段线命令行转入绘制圆弧线段的过程，命令行提示如下：

```
命令: _pline
指定起点:
当前线宽为 0.0000
指定下一个点或 [圆弧(A)/半宽(H)/长度(L)/放弃(U)/宽度(W)]: a
                          //输入 a，表示绘制圆弧线段
指定圆弧的端点或
[角度(A)/圆心(CE)/方向(D)/半宽(H)/直线(L)/半径(R)/第二个点(S)/放弃(U)/宽度
(W)]:                     //指定圆弧的端点或者输入其他选项
```

这里圆弧的绘制方法与 ARC 命令绘制圆弧时类似，这里不再赘述。

对于多段线，用户可以使用 PEDIT 命令对多段线进行编辑，通过选择〞修改〞|〞对象〞|〞多段线〞命令，命令行提示如下：

```
命令:_pedit
选择多段线或 [多条(M)]://选择一条多段线或输入 m 选择其他类型的图线
输入选项 [闭合(C)/合并(J)/宽度(W)/编辑顶点(E)/拟合(F)/样条曲线(S)/非曲线化(D)
/线型生成(L)/放弃(U)]:                //输入各种选项，对图线进行编辑
```

该功能常用来将其他类型的图线转换为多段线，或者将多条图线合并为一条多段线。

对于〞合并(J)〞选项来说，用于将与非闭合的多段线的任意一端相连的线段、弧线以及

其他多段线，添加到该多段线上，构成一个新的多段线。要连接到指定多段线上的对象必须与当前多段线有共同的端点。

当选择的多段线不是多段线，或者选择了多条图线，这些图线不全是多段线时，使用PEDIT命令，将这些图线转换为多段线，以便进行其他的操作，这种用法在创建面域或创建三维图形的时候特别有用。

2.2.4 创建正多边形

POLYGON命令行的提示如下：

```
命令: _polygon
输入边的数目 <4>:                        //指定正多边形的边数
指定正多边形的中心点或 [边(E)]:          //指定正多边形的中心点或者输入e，使用边绘制法
输入选项 [内接于圆(I)/外切于圆(C)] <I>://确认绘制多边形的方式
指定圆的半径:                            //输入圆半径
```

系统提供了3种绘制正多边形的方法，如表2-5所示。

表2-5 正三种绘制方式说明

内接于圆法：所谓内接圆法，是指多边形的顶点均位于假设圆的弧上，多边形内接于圆，绘制时需要指定多边形的中心点、边数和半径3个要素	
命令: _polygon 输入边的数目 <6>: 6//输入多边形的边数 指定正多边形的中心点或 [边(E)]://拾取正多边形的中心点 输入选项 [内接于圆(I)/外切于圆(C)] <I>:i//输入 I，表示使用内接于圆法绘制正多边形 指定圆的半径: 25//输入正多边形外接圆的半径	
外切于圆法：所谓外切于圆法，是指多边形的各边与假设圆相切，圆内切于多边形，绘制时需要指定多边形的中心点、边数和半径3个要素	
命令: _polygon 输入边的数目 <6>:6//输入多边形的边数 指定正多边形的中心点或 [边(E)]://拾取多边形的中心点 输入选项 [内接于圆(I)/外切于圆(C)] <I>: c//输入 c，表示使用外切于圆法绘制正多边形 指定圆的半径:25//输入内切圆的半径，按回车键，完成绘制	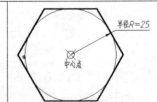
边长方式：所谓边长方式，是指通过指定第一条边的两个端点来定义正多边形，绘制时需要指定多边形的边数、一条边的第一个端点和第二个端点位置3个要素	
命令: _polygon 输入边的数目 <6>:6//输入多边形的边数 指定正多边形的中心点或 [边(E)]: e//输入 e，表示采用边长方式绘制正多边形 指定边的第一个端点://拾取正多边形第一条边的第一个端点1 指定边的第二个端点:@25,0//拾取正多边形第一条边的第一个端点2，这里输入相对坐标	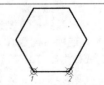

2.2.5　绘制矩形

RECTANG 命令行提示如下。

```
命令：_rectang
指定第一个角点或 [倒角(C)/标高(E)/圆角(F)/厚度(T)/宽度(W)]:
                                    //指定矩形第一个角点坐标
指定另一个角点或 [面积(A)/尺寸(D)/旋转(R)]://指定矩形的第二个角点坐标
```

从命令行的提示可以看出，无论绘制什么样的矩形，首先都要指定矩形的第一个角点，当然，在指定第一个角点之前，可以先设定所绘制矩形的一些参数。"[倒角(C)/标高(E)/圆角(F)/厚度(T)/宽度(W)]"用于设定矩形的绘制参数，"[面积(A)/尺寸(D)/旋转(R)]"用于设定矩形的绘制方式。表 2-6 说明了各个绘制参数的含义。

表 2-6　矩形绘制各参数的含义

参数选项	命令行	图例说明
倒角(C)	命令：_rectang 当前矩形模式：倒角=0.0000 x 0.0000 指定第一个角点或 [倒角(C)/标高(E)/圆角(F)/厚度(T)/宽度(W)]: c 指定矩形的第一个倒角距离 <0.0000>: 10 指定矩形的第二个倒角距离 <0.0000>: 5 指定第一个角点或 [倒角(C)/标高(E)/圆角(F)/厚度(T)/宽度(W)]: …… "倒角"选项用于设置矩形倒角的值，即从两个边上分别切去的长度	
标高(E)	命令：_rectang 指定第一个角点或 [倒角(C)/标高(E)/圆角(F)/厚度(T)/宽度(W)]: e 指定矩形的标高 <0.0000>: 20 指定第一个角点或 [倒角(C)/标高(E)/圆角(F)/厚度(T)/宽度(W)]: ……	
圆角(F)	命令：_rectang 当前矩形模式：倒角=10.0000 x 5.0000 指定第一个角点或 [倒角(C)/标高(E)/圆角(F)/厚度(T)/宽度(W)]: f 指定矩形的圆角半径 <0.0000>:10 指定第一个角点或 [倒角(C)/标高(E)/圆角(F)/厚度(T)/宽度(W)]: …… "圆角"选项用于设置矩形4个圆角的半径	
厚度(T)	命令：_rectang 指定第一个角点或 [倒角(C)/标高(E)/圆角(F)/厚度(T)/宽度(W)]: t 指定矩形的厚度 <0.0000>: 10 指定第一个角点或 [倒角(C)/标高(E)/圆角(F)/厚度(T)/宽度(W)]: ……	
宽度(W)	命令：_rectang 指定第一个角点或 [倒角(C)/标高(E)/圆角(F)/厚度(T)/宽度(W)]: w 指定矩形的线宽 <0.0000>: 10 指定第一个角点或 [倒角(C)/标高(E)/圆角(F)/厚度(T)/宽度(W)]: …… "宽度"选项用于设置矩形的线宽	

用户在绘制矩形之前，可以先对如表 2-6 所示的各个参数进行设定，设定完成之后可以选择不同的方式来绘制矩形，表 2-7 显示了不同的绘制方式。

表 2-7　不同矩形的绘制方式

2个角点绘制矩形：指定两个角点的位置是绘制矩形的最基本方式

命令：_rectang
指定第一个角点或 [倒角(C)/标高(E)/圆角(F)/厚度(T)/宽度(W)]://指定矩形的第一个角点 1
指定另一个角点或 [面积(A)/尺寸(D)/旋转(R)]: @40,25//输入另一个角点 2 的相对坐标，按回
//车键，完成矩形的绘制。当然，用户也可以输入绝对坐标，或者使用极坐标法来绘制，坐标的采用根据
//绘制图形时的已知条件而定
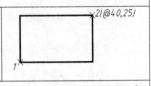

面积法绘制矩形：利用第一个角点、矩形面积和矩形长度3个要素，或者第一个角点、矩形面积和矩形宽度3个要素来绘制矩形
命令：_rectang 指定第一个角点或 [倒角(C)/标高(E)/圆角(F)/厚度(T)/宽度(W)]://指定矩形的第一个角点 1 指定另一个角点或 [面积(A)/尺寸(D)/旋转(R)]: a//输入 a，表示使用面积法绘制矩形 输入以当前单位计算的矩形面积 <100.0000>：1000//输入矩形的面积 计算矩形标注时依据 [长度(L)/宽度(W)] <长度>: l//采用矩形长度确定矩形 输入矩形长度 <40.0000>：40//输入矩形长度，按回车键，完成绘制。 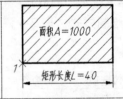
尺寸法绘制矩形：通过矩形的第一个角点、矩形的长度、矩形的宽度以及矩形的另一个角点的方向4个要素来确定矩形
命令：_rectang 指定第一个角点或 [倒角(C)/标高(E)/圆角(F)/厚度(T)/宽度(W)]://指定矩形的第一个角点 1 指定另一个角点或 [面积(A)/尺寸(D)/旋转(R)]: d//输入 d，使用尺寸法绘制矩形 指定矩形的长度 <40.0000>:40//输入矩形的长度 指定矩形的宽度 <25.0000>:25//输入矩形的宽度 指定另一个角点或 [面积(A)/尺寸(D)/旋转(R)]://拾取点 2，从而确定矩形的方向 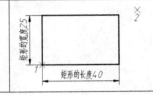
旋转矩形：是指绘制具有一定旋转角度的矩形，其角度为矩形的长边与坐标系X轴正方向的夹角，逆时针为正
命令：_rectang 指定第一个角点或 [倒角(C)/标高(E)/圆角(F)/厚度(T)/宽度(W)]://指定矩形第一个角点 1 指定另一个角点或 [面积(A)/尺寸(D)/旋转(R)]: r//输入 r，表示设置矩形的旋转角度 指定旋转角度或 [拾取点(P)] <0>: 25//输入旋转角度 25 指定另一个角点或 [面积(A)/尺寸(D)/旋转(R)]: d//输入 d，表示采用尺寸法绘制矩形 指定矩形的长度 <40.0000>: 40 指定矩形的宽度 <25.0000>: 25 指定另一个角点或 [面积(A)/尺寸(D)/旋转(R)]://指定另一个角点 2 

2.2.6　绘制圆弧

使用"绘图" | "圆弧"命令绘制圆弧时，会弹出如图 2-4 所示的子菜单，执行不同的子菜单命令，会出现不同的命令行。

对于圆弧来说，只要给定了 3 个要素就可以绘制出相应的圆弧，AutoCAD 提供了 4 类绘制圆弧的方法，下面分别介绍。

1．三点

该方法要求指定圆弧的起点、端点以及圆弧上的其他任意一点，该命令执行后，命令行提示如下：

```
命令：_arc
指定圆弧的起点或 [圆心(C)]：                 //指定圆弧的起点，这里指定为点 1
指定圆弧的第二个点或 [圆心(C)/端点(E)]：// 指定圆弧的第二点，这里指定为点 2
指定圆弧的端点：                 // 指定圆弧的端点，这里指定为点 3，效果如图 2-5 所示
```

图 2-4　圆弧子菜单

图 2-5　三点法绘制圆弧

2. 起点，圆心，端点、角度、弦长中的任一参数

该方法要求指定圆弧的起点、圆心以及端点、角度、弦长中的任一参数，该命令执行后，命令行提示如下：

```
命令：_arc
指定圆弧的起点或 [圆心(C)]：                 //指定圆弧的起点，这里指定为点 1
指定圆弧的第二个点或 [圆心(C)/端点(E)]：_c
指定圆弧的圆心：                 //指定圆弧的圆心点 3
指定圆弧的端点或 [角度(A)/弦长(L)]：                 //指定另一参数，效果如图 2-6 所示。
```

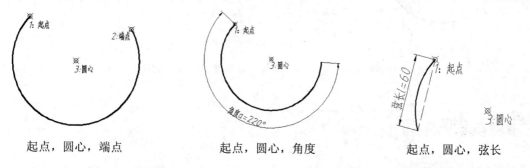

起点，圆心，端点　　　　　　　起点，圆心，角度　　　　　　　起点，圆心，弦长

图 2-6　利用起点，圆心，端点、角度、弦长中任一参数绘制圆弧

3. 起点，端点，包含角、方向、半径中的任一参数

该方法要求指定圆弧的起点、端点以及圆弧的包含角、方向、半径中的任一参数，命令行提示如下：

```
命令：_arc
指定圆弧的起点或 [圆心(C)]：                 //指定圆弧的起点 1
指定圆弧的第二个点或 [圆心(C)/端点(E)]：_e
指定圆弧的端点：                 //指定圆弧的端点 2
```

指定圆弧的圆心或 [角度(A)/方向(D)/半径(R)]: //输入另一参数，效果如图 2-7 所示。

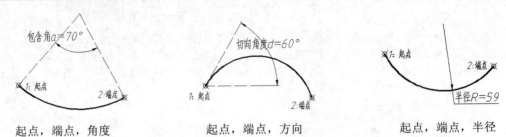

起点，端点，角度　　　　起点，端点，方向　　　　起点，端点，半径

图 2-7　利用起点，端点，包含角、方向、半径中的任一参数绘制圆弧

4．圆心，起点，端点、包含角角度、弦长中的任一参数

该方法要求指定圆弧的圆心、起点以及圆弧的端点、包含角角度、弦长中的任一参数，命令行提示如下:

```
命令: _arc
指定圆弧的起点或 [圆心(C)]: _c
指定圆弧的圆心:            //指定圆弧的圆心点 1
指定圆弧的起点:            //指定圆弧的起点 2
指定圆弧的端点或 [角度(A)/弦长(L)]:  //输入另一参数，效果如图 2-8 所示
```

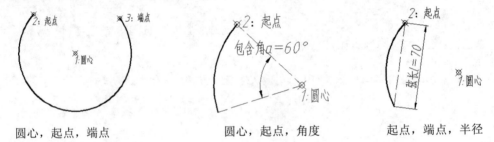

圆心，起点，端点　　　　圆心，起点，角度　　　　起点，端点，半径

图 2-8　圆心，起点，端点、包含角角度、弦长中的任一参数

2.2.7　绘制圆

CIRCLE 命令行提示如下:

```
命令: _circle
指定圆的圆心或 [三点(3P)/两点(2P)/相切、相切、半径(T)]:
                        //用户可指定相应的方式创建圆
```

如果通过菜单命令，会弹出如图 2-9 所示的子菜单，执行不同的子菜单命令，会出现不同的命令行。

对于圆绘制来说，系统提供了指定圆心和半径、指定圆心和直径、两点定义直径、三点定义圆周、两个切点加一个半径以及三个切点等 6 种绘制圆的方式，根据命令行提示输入相应的参数即可。图 2-10 演示了

图 2-9　圆命令子菜单

不同的绘制方式需要确定的参数效果。

圆心、半径法绘制圆

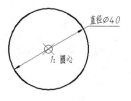

圆心、直径法绘制圆

两点方式绘制圆

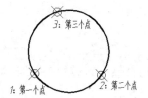

三点方式绘制圆

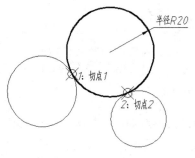

相切、相切、半径绘制圆

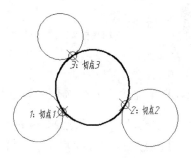

相切、相切、相切绘制圆

图 2-10　绘制圆的 6 种方式

2.2.8　绘制样条曲线

样条曲线是通过一系列指定点的光滑曲线。在 AutoCAD 中，一般通过指定样条曲线的控制点和起点，以及终点的切线方向来绘制样条曲线。

执行"样条曲线"命令后，命令行提示如下：

```
命令：_spline
指定第一个点或 [对象(O)]：              //指定样条曲线的起点，如图 2-11 所示的点 2
指定下一点：                          //指定样条曲线的控制点，如图 2-11 所示的点 3
指定下一点或 [闭合(C)/拟合公差(F)] <起点切向>：  //指定控制点，如图 2-11 所示的点 4
指定下一点或 [闭合(C)/拟合公差(F)] <起点切向>：  //指定控制点，如图 2-11 所示的点 5
指定下一点或 [闭合(C)/拟合公差(F)] <起点切向>：  //指定控制点，如图 2-11 所示的点 6
指定下一点或 [闭合(C)/拟合公差(F)] <起点切向>：  //按下回车键，开始指定切线方向
指定起点切向：                        //指定点 1，点 2、1 连线为起点切向
指定端点切向：                        //指定点 7，点 6、7 连线为端点切向
```

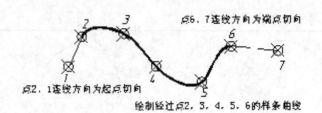

图 2-11　绘制过点 2，3，4，5，6 的样条曲线

当然，在指定起点和端点切向的时候，用户可以不指定切向，直接按下回车键，则系统会计算默认切向。

选择"修改"|"对象"|"样条曲线"命令，可以对样条曲线进行编辑，可以删除、增加、移动曲线上的拟合点，可以打开、闭合的样条曲线，可以改变起点和终点切向，可以改变样条曲线的拟合公差等。

SPLINEDIT 命令行的提示如下：

```
命令：_splinedit
选择样条曲线：//选择需要编辑的样条曲线
输入选项 [拟合数据(F)/闭合(C)/移动顶点(M)/精度(R)/反转(E)/放弃(U)]:
                                        //输入样条曲线编辑选项
```

SPLINEDIT 命令有 6 个选项，各选项含义如下。

- "拟合数据(F)"：该选项主要是对样条曲线的拟合点、起点以及端点进行拟合编辑。
- "闭合(C)"：该选项用于闭合开放的样条曲线，并使之在端点处相切连续（光滑）。
- "移动顶点(M)"：该选项用于移动样条曲线控制点到其他位置，改变样条曲线的形状，同时清除样条曲线的拟合点。
- "精度(R)"：该选项用于对样条曲线的定义进行细化。
- "反转(E)"：该选项用于将样条曲线方向反向，不影响样条曲线的控制点和拟合点。
- "放弃(U)"：该选项用于取消最后一步的编辑操作。

2.2.9　绘制椭圆

"椭圆"命令行的提示如下：

```
命令：_ellipse
指定椭圆的轴端点或 [圆弧(A)/中心点(C)]:          //输入不同的参数，进入不同的绘制模式
```

对于椭圆来说，系统提供了 4 种方式用于绘制精确的椭圆，表 2-8 演示了这 4 种不同的绘制方式。

表 2-8   不同椭圆的绘制方式

一条轴的两个端点和另一条轴半径:该方式按照默认的顺序就可以依次指定长轴的两个端点和另一条半轴的长度,其中长轴是通过两个端点来确定的,已经限定了两个自由度,只需要给出另外一个半轴的长度就可以确定椭圆	
命令:_ellipse 指定椭圆的轴端点或 [圆弧(A)/中心点(C)]: //指定椭圆的轴端点 1 指定轴的另一个端点:　　　　　　　　　//指定椭圆的另一个轴端点 2 指定另一条半轴长度或 [旋转(R)]:15 //输入长度或者用光标选择另一条半轴长度	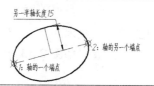
一条轴的两个端点和旋转角度:这种方式实际上相当于将一个圆在空间上绕长轴转动一个角度以后投影在二维平面上	
命令:_ellipse 指定椭圆的轴端点或 [圆弧(A)/中心点(C)]: //拾取点 1 为轴端点 指定轴的另一个端点:　　　　　　　　　//拾取点 2 为轴的另一个端点 指定另一条半轴长度或 [旋转(R)]: r　　//输入 r,表示采用旋转方式绘制椭圆 指定绕长轴旋转的角度:60　　　　　　　//输入旋转角度,按回车键	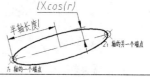
中心点、一条轴端点和另一条半轴长度:这种方式需要依次指定椭圆的中心点、一条轴的端点以及另外一条半轴的长度	
命令:_ellipse 指定椭圆的轴端点或 [圆弧(A)/中心点(C)]: c　//采用中心点方式绘制椭圆 指定椭圆的中心点:　　　　　//拾取点 1 为椭圆中心点 指定轴的端点:　　　　　　//拾取点 2 为椭圆一条轴端点 指定另一条半轴长度或 [旋转(R)]:15 //输入椭圆另一条轴的半径 15	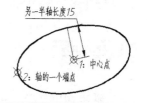
中心点、一条轴端点和旋转角度:这种方式需要依次指定椭圆的中心点、一条轴的端点以及投影的旋转角度	
命令:_ellipse 指定椭圆的轴端点或 [圆弧(A)/中心点(C)]: c//输入 c,要求指定椭圆中心点 指定椭圆的中心点://指定点 1 为中心点 指定轴的端点://指定点 2 为椭圆轴的端点 指定另一条半轴长度或 [旋转(R)]: r//输入 r,设置旋转的角度 指定绕长轴旋转的角度:60//输入旋转角度 60	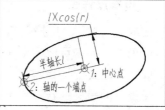

2.2.10   绘制椭圆弧

椭圆弧可以认为是椭圆的一部分,执行"椭圆弧"命令后,命令行提示如下。

```
命令: _ellipse
指定椭圆的轴端点或 [圆弧(A)/中心点(C)]: _a//表示绘制椭圆弧
指定椭圆弧的轴端点或 [中心点(C)]:
指定轴的另一个端点:                          ◄——— 中间过程与绘制椭圆类似
指定另一条半轴长度或 [旋转(R)]: 15
指定起始角度或 [参数(P)]://输入椭圆弧起始角度
指定终止角度或 [参数(P)/包含角度(I)]://输入椭圆弧终止角度
```

从命令行中可以看出，椭圆弧的命令行实际上是在椭圆命令行的基础上，首先输入 a 表示要绘制的是椭圆弧，并在命令行的最后指定椭圆弧的起始和终止角度，其中间过程与绘制椭圆是相同的，因此我们接下来将使用轴的 2 个端点以及另一半轴长度的方法来讲解椭圆弧的绘制。

对于椭圆弧角度的确认，有 3 种方式：第一种使用直接指定的方式，通过起始角度和终止角度确定，效果如图 2-12 所示；第二种是采用参数的方式，不常用；第三种使用包含角的方式绘制，效果如图 2-13 所示。

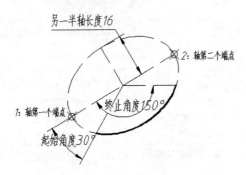

图 2-12　指定椭圆弧起始终止角度

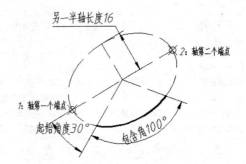

图 2-13　指定椭圆弧包含角

2.2.11　绘制点

点是二维绘图中最基本的图形，也是最重要的参照，因为一个点就确定了一个坐标，所以点的确定与绘制是二维绘图中最基本的技能。

1. 设置点样式

在默认情况下，用户在 AutoCAD 绘图区绘制的点都是不可见的，为了使图形中的点有很好的可见性，用户可以相对于屏幕或使用绝对单位设置点的样式和大小。

选择“格式”|“点样式”命令，弹出如图 2-14 所示的“点样式”对话框，在该对话框中可以设置点的表现形状和点大小，系统提供了 20 种点的样式供用户选择。

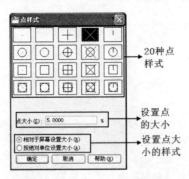

图 2-14　“点样式”对话框

在对话框中，"相对于屏幕设置大小"单选按钮用于按屏幕尺寸的百分比设置点的显示大小，当进行缩放时，点的显示大小并不改变，"点大小"文本框变成 点大小(S): [5.0000   ] % 时，可以输入百分比；"按绝对单位设置大小"单选按钮用于按指定的实际单位设置点显示的大小，当进行缩放时，AutoCAD 显示的点的大小随之改变，"点大小"文本框变成 点大小(S): [5.0000   ] 单位 时，可以输入点大小的实际值。

2. 创建点

执行 POINT 命令后，命令行提示如下：

```
命令: _point
当前点模式: PDMODE=0  PDSIZE=0.0000
//系统提示信息, PDMODE 和 PDSIZE 系统变量用于控制点对象的外观, 一般情况下, 用户不用
//修改这两个系统变量, 如果需要修改点的外观, 可以通过"点样式"对话框来完成
指定点:          //要求用户输入点的坐标
```

输入第一个点的坐标时，必须输入绝对坐标，以后的点可以使用相对坐标输入。

用户输入点的时候，通常会遇到这样一种情况，即：知道 2 点相对于 1 点（已存在的点或者知道绝对坐标的点）的位置距离关系，却不知道 2 的具体绝对坐标，这就没有办法通过绝对坐标或者"点"命令来直接绘制 2 点，这个时候的 2 点可以通过相对坐标法来进行绘制，这个方法在绘制二维平面图形中经常使用，以点命令为例，命令行提示如下：

```
命令: _point
当前点模式: PDMODE=0  PDSIZE=0.0000
指定点: from     //通过相对坐标法确定点, 都需要先输入 from, 按下回车键
基点:            //输入作为参考点的绝对坐标或者捕捉参考点, 即 1 点
<偏移>:          //输入目标点相对于参考点的相对位置关系, 即相对坐标, 即 2 相对于 A 的坐标
```

在菜单命令中，还有"绘图"|"点"|"多点"命令，使用此命令，可以连续绘制多个点。

3. 定数等分点

选择"绘图"|"点"|"定数等分"命令或者在命令行中输入 DIVIDE 命令可以执行"定数等分点"命令，命令行提示如下：

```
命令: _divide
选择要定数等分的对象:
//选择需要等分的对象, 对象是直线、圆弧、样条曲线、圆、椭圆和多段线等几种类型中的一种
输入线段数目或 [块(B)]: 5          //输入需要分段的数目, 这里输入 5, 效果如图 2-15 所示。
```

在命令行中，还有"块(B)"选项，表示可以定数等分插入的图块。

4. 定距等分点

选择"绘图"|"点"|"定距等分"命令或者在命令行中输入 MEASURE 命令可以执行"定距等分点"命令，命令行提示如下：

```
命令: _measure
选择要定距等分的对象:          //选择需要定距等分的对象, 对象类型与定距等分类似
指定线段长度或 [块(B)]: 40     //输入每一段的线段长度, 效果如图 2-16 所示。
```

线段数目为5

图 2-15　将直线等分为 5 段

线段长度为40

图 2-16　定距等分圆弧

第
2
章

2.2.12　绘制多线

多线由1~16条平行线组成，这些平行线称为元素或者图元。通过指定每个元素距多线原点的偏移量可以确定元素的位置。可以自己创建和保存多线样式，或者使用包含2个元素的默认样式Standard。还可以设置每个元素的颜色、线型，以及显示或隐藏多线的接头。

1. 创建多线样式

选择"格式" | "多线样式"命令，弹出如图 2-17 所示的"多线样式"对话框，在该对话框中可以设置多线的样式。

图 2-17　"多线样式"对话框

在该对话框中，各常用参数的含义如表 2-9 所示。

表 2-9　"多线样式"对话框的参数含义说明

参数	说明
当前多线样式	显示当前正在使用的多线样式
"样式"列表框	显示已经创建好的多线样式
"预览"框	显示当前选中的多线样式的形状
"说明"文本框	显示当前多线样式附加的说明和描述
"置为当前"按钮	单击该按钮，将当前"样式"列表中所选择的多线样式，设置为后续创建的多线的当前多线样式
"新建"按钮	单击该按钮显示"创建新的多线样式"对话框，可以创建新的多线样式
"修改"按钮	单击该按钮显示"修改多线样式"对话框，从中可以修改选定的多线样式

（续表）

参数	说明
"重命名"按钮	单击该按钮可以在"样式"列表中直接重新命名当前选定的多线样式
"删除"按钮	单击该按钮可以从"样式"列表中删除当前选定的多线样式，此操作并不会删除 MLN文件中的样式
"加载"按钮	单击该按钮显示"加载多线样式"对话框，可以从指定的多线库（MLN）文件加载多线样式
"保存"按钮	单击该按钮，将弹出"保存多线样式"对话框，用户可以将多线样式保存或复制到MLN文件。如果指定了一个已存在的MLN文件，新样式定义将添加到此文件中，并且不会删除其中已有的定义，默认文件名是acad.mln

　　单击"多线样式"对话框中的"新建"按钮后弹出如图 2-18 所示的"创建新的多线样式"对话框。"新样式名"对话框用于设置多线新样式名称，"基础样式"下拉列表用于设置参考样式，新创建的多线样式继承基础样式的参数设置，设置完成后，单击"继续"按钮，弹出如图 2-19 所示的"新建多线样式"对话框。

图 2-18　"保存多线样式"对话框　　　　图 2-19　"新建多线样式"对话框

对图 2-19 的说明如下。

- "封口"选项组用于设置多线起点和终点的封闭形式。
- "显示连接"复选框用于设置多线端点上连接线的显示。
- "图元"选项组可以设置多线图元的特性。图元特性包括每条直线元素的偏移量、颜色和线型。单击"添加"按钮可以将新的多线元素添加到多线样式中，单击按钮后，如图 2-20 所示在图元列表中会自动出现偏移为 0 的图元，在"偏移"文本框可以设置该图元的偏移量，如图 2-21 所示，输入值会及时地反映在图元列表中，偏移量可以是正值，也可以是负值。"颜色"下拉列表框可以选择需要的元素颜色，在下拉列表中选择"选择颜色"命令，可以弹出"选择颜色"对话框设置颜色。单击"线型"按钮，将弹出"选择线型"对话框，可以从该对话框中选择已经加载的线型，或按需要加载线型。单击"删除"按钮可以从当前的多线样式中删除选定的图元。

图 2-20　添加新图元

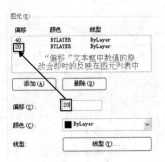

图 2-21　设置图元偏移

2. 绘制多线

选择"绘图"|"多线"命令或在命令行中输入 MLINE 命令，命令行提示如下：

```
命令：mline
当前设置：对正 = 上，比例 = 20.00，样式 = STANDARD    //提示当前多线设置及参数设置
指定起点或 [对正(J)/比例(S)/样式(ST)]：            //指定多线起始点或修改多线设置
指定下一点：// 指定下一点
指定下一点或 [放弃(U)]：                           //指定下一点或放弃
指定下一点或 [闭合(C)/放弃(U)]：                   //指定下一点、闭合或放弃
```

在命令行提示中，"指定起点"、"指定下一点"以及"闭合(C)/放弃(U)"等选项与直线绘制命令是一致的，这里不再赘述，主要讲解"对正(J)"、"比例(S)"、"样式(ST)"3个选项的使用。

（1）对正(J)

该选项的功能是确定如何在指定的点之间绘制多线，控制将要绘制的多线相对于光标的位置。在命令行输入 J，命令行提示如下：

```
命令：mline
当前设置：对正 = 上，比例 = 20.00，样式 = STANDARD
指定起点或 [对正(J)/比例(S)/样式(ST)]：j               //输入 j，设置对正方式
输入对正类型 [上(T)/无(Z)/下(B)] <上>：                //选择对正方式
```

mline 命令有 3 种对正方式：上(T)、无(Z)和下(B)，使用 3 种对正方式绘图的效果如图 2-22所示。

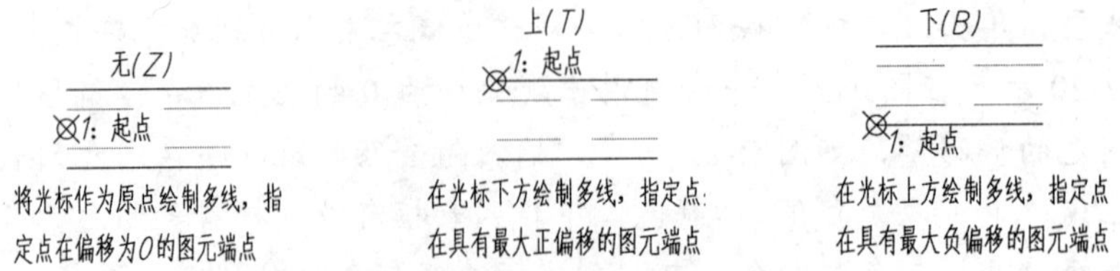

无(Z)

⊠1: 起点

将光标作为原点绘制多线，指定点在偏移为为0的图元端点

上(T)

⊠1: 起点

在光标下方绘制多线，指定点在具有最大正偏移的图元端点

下(B)

⊠1: 起点

在光标上方绘制多线，指定点在具有最大负偏移的图元端点

图 2-22　对正样式示意图

（2）比例(S)

该选项用于控制多线的全局宽度，设置实际绘制时多线的宽度，以偏移量的倍数表示。

在命令行输入 S，命令行提示如下：

```
命令：mline
当前设置：对正 = 上，比例 = 20.00，样式 = STANDARD
指定起点或 [对正(J)/比例(S)/样式(ST)]：s          //输入 s，设置比例大小
输入多线比例 <20.00>：                         //输入多线的比例值
```

比例因子为 2 时绘制多线宽度是样式定义宽度的两倍。负比例因子将翻转偏移线的次序：当从左至右绘制多线时，偏移最小的多线绘制在顶部。负比例因子的绝对值也会影响比例。比例因子为 0 将使多线变为单一的直线。

（3）样式(ST)

该选项的功能是为将要绘制的多线指定样式。在命令行输入 ST，命令行提示如下：

```
命令：mline
当前设置：对正 = 上，比例 = 20.00，样式 = STANDARD
指定起点或 [对正(J)/比例(S)/样式(ST)]：st          //输入 st，设置多线样式
输入多线样式名或 "?"：                          //输入存在并加载的样式名，或输入 "?"
```

输入 "?" 后，弹出一个文本窗口，将显示出当前图形文件已经创建的多线样式，默认的样式为 Standard。

3. 编辑多线

选择"修改"|"对象"|"多线"命令，或在命令行输入 mledit 命令，弹出如图 2-23 所示的"多线编辑工具"对话框。在此对话框中，可以对十字型、T 字形及有拐角和顶点的多线进行编辑，可以截断和连接多线。对话框提供了 16 个编辑工具，具体的使用方法如表 2-10 所示。

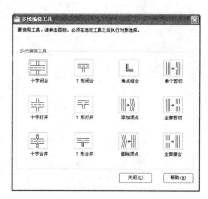

图 2-23　"多线编辑工具"对话框

表 2-10　多线编辑工具各工具功能

参数	说明
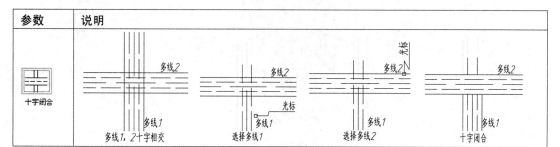	

（续表）

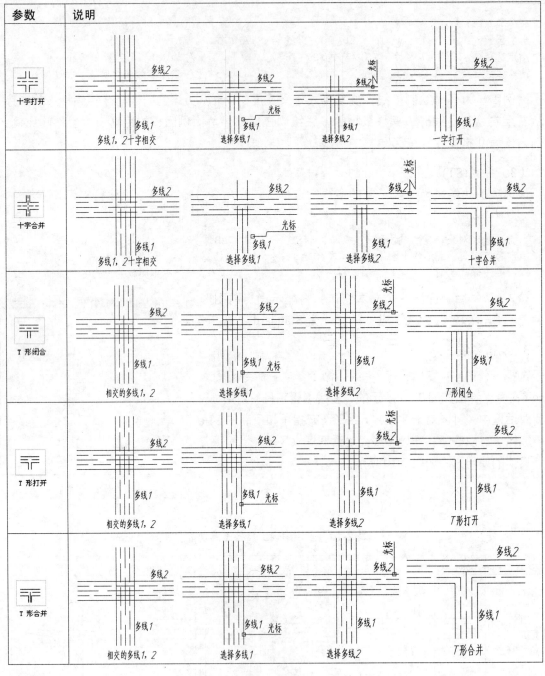

（续表）

参数	说明
角点结合	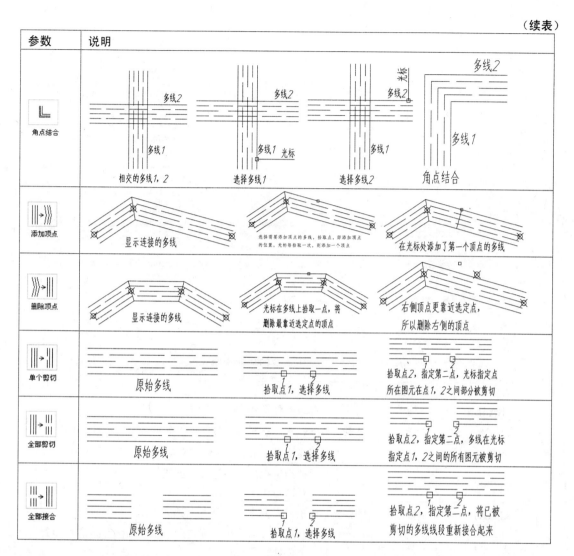
添加顶点	
删除顶点	
单个剪切	
全部剪切	
全部接合	

NO.2.3

图形对象编辑

使用最基本的绘图命令只能绘制简单的图形，如果需要绘制复杂的图形就需要对图形对象进行修改和编辑。对象编辑命令主要集中在如图 2-24 所示的"修改"工具栏和如图 2-25 所示的"修改"菜单中。常用的修改命令功能如表 2-11 所示。

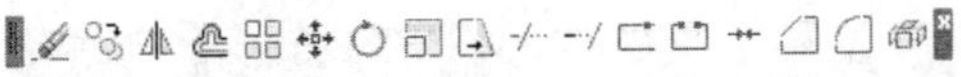

图 2-24 "修改" 工具栏

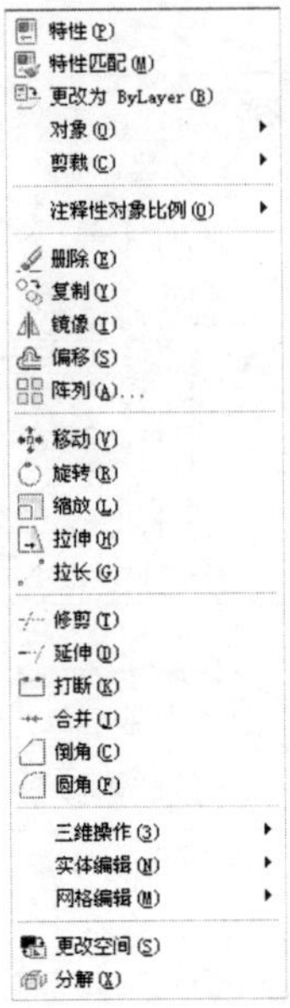

图 2-25 "修改" 菜单

表 2-11 常用命令的功能说明

按钮	对应命令	菜单操作	功能
	ERASE	"修改"|"删除"	将图形对象从绘图区删除
	COPY	"修改"|"复制"	可以从原对象指定的角度和方向创建对象的副本
	MIRROR	"修改"|"镜像"	创建相对于某一对称轴的对象副本
	OFFSET	"修改"|"偏移"	根据指定距离或通过点，创建一个与原有图形对象平行或具有同心结构的形体
	ARRAY	"修改"|"阵列"	按矩形或者环形有规律的复制对象
	ARRAY	"修改"|"移动"	将图形对象从一个位置按照一定的角度和距离移动到另外一个位置
	ROTATE	"修改"|"旋转"	绕指定基点旋转图形中的对象
	SCALE	"修改"|"缩放"	通过一定的方式在X、Y和Z方向按比例放大或缩小对象
	STRETCH	"修改"|"拉伸"	以交叉窗口或交叉多边形选择拉伸对象，选择窗口外的部分不会有任何改变；选择窗口内的部分会随选择窗口的移动而移动，但也不会有形状的改变，只有与选择窗口相交的部分会被拉伸
	TRIM	"修改"|"修剪"	将选定的对象在指定边界一侧的部分剪切掉
	EXTEND	"修改"|"延伸"	将选定的对象延伸至指定的边界上
	-	-	将一个图形从打断点一分为二
	BREAK	"修改"|"打断"	通过打断点将所选的对象分成两部分，或删除对象上的某一部分

56

按钮	对应命令	菜单操作	功能
⊹⊦	JOIN	"修改"|"合并"	将几个对象合并为一个完整的对象，或者将一个开放的对象闭合
◇	CHAMFER	"修改"|"倒角"	使用成角的直线连接两个对象
◇	FILLET	"修改"|"圆角"	使用与对象相切并且具有指定半径的圆弧连接两个对象
🗊	EXPLODE	"修改"|"分解"	合成对象分解为多个单一的组成对象

2.3.1　复制

执行 **COPY** 命令后，命令行提示如下：

```
命令：_copy
选择对象：                                    //拾取图 2-26（a）中的点 2
指定对角点：找到 1 个                          //拾取图 2-26（a）中的点 3
选择对象：                                    //按下回车键，完成对象选择
当前设置：复制模式 = 多个                      //系统提示信息，当前复制模式为多个
指定基点或〔位移(D)/模式(O)〕<位移>：          //拾取图 2-26（a）中的点 1
指定第二个点或 <使用第一个点作为位移>：         //拾取图 2-26（b）中的点 4
指定第二个点或〔退出(E)/放弃(U)〕<退出>：       //拾取图 2-26（c）中的点 5
指定第二个点或〔退出(E)/放弃(U)〕<退出>：       //按下回车键，完成复制
```

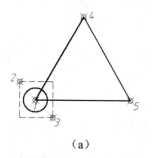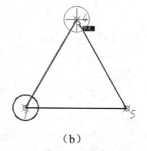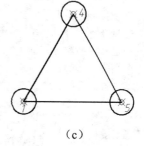

|（a）|（b）|（c）|

图 2-26　多个复制效果

在上面的命令行中，读者可能注意到了命令行中的系统提示复制模式，对于复制来说，有多个复制和单个复制两种模式，由"模式(O)"选项来设定。

2.3.2　镜像

执行 **MIRROR** 命令行后，命令行提示如下：

```
命令：_mirror
选择对象：                                    //拾取图 2-27（a）中的点 1
指定对角点：找到 4 个                          //拾取图 2-27（a）中的点 2
选择对象：                                    //按下回车键，完成对象选择
指定镜像线的第一点：                          //拾取图 2-27（b）中的点 3
```

指定镜像线的第二点：　　　　　　　　　　//拾取图 2-27（b）中的点 4
要删除源对象吗？[是(Y)/否(N)] <N>：　　//按下回车键，完成镜像，效果如图 2-27（c）所示

对于镜像命令行来说，镜像完成后可以删除源对象，也可以不删除源对象，在上面的命令行中，直接按下回车键，使用了默认设置，不删除源对象，如果输入 y，即可删除源对象，如图 2-27（d）所示。

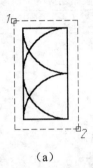　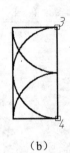　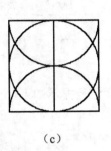　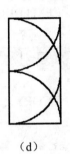

（a）　　　　　　　　（b）　　　　　　　　（c）　　　　　　　　（d）

图 2-27　镜像操作

2.3.3　偏移

执行 OFFSET 命令，命令行提示如下：

```
命令：_offset
当前设置：删除源=否　图层=源　OFFSETGAPTYPE=0
指定偏移距离或 [通过(T)/删除(E)/图层(L)] <5.0000>:5        //输入偏移距离
选择要偏移的对象，或 [退出(E)/放弃(U)] <退出>：            //拾取图 2-28（a）中的点 1
指定要偏移的那一侧上的点，或 [退出(E)/多个(M)/放弃(U)] <退出>：
                                                         //拾取图 2-28（a）中的点 5
选择要偏移的对象，或 [退出(E)/放弃(U)] <退出>：            //拾取图 2-28（a）中的点 2
指定要偏移的那一侧上的点，或 [退出(E)/多个(M)/放弃(U)] <退出>：
                                                         //拾取图 2-28（a）中的点 6
选择要偏移的对象，或 [退出(E)/放弃(U)] <退出>：            //拾取图 2-28（a）中的点 3
指定要偏移的那一侧上的点，或 [退出(E)/多个(M)/放弃(U)] <退出>：
                                                         //拾取图 2-28（a）中的点 7
选择要偏移的对象，或 [退出(E)/放弃(U)] <退出>：            //拾取图 2-28（a）中的点 4
指定要偏移的那一侧上的点，或 [退出(E)/多个(M)/放弃(U)] <退出>：
                                                         //拾取图 2-28（a）中的点 8
选择要偏移的对象，或 [退出(E)/放弃(U)] <退出>：
//按下回车键，完成偏移，偏移后的效果如图 2-28（b）所示
```

需要注意的是，对于"指定要偏移的那一侧上的点"的指定，只要保证方向性的正确就可以，并不限定在某一点，譬如将点 1 所在的直线偏移，不一定要拾取点 5，拾取任意一个在直线以下的即可将该直线向下偏移 5，如图 2-28（c）所示。

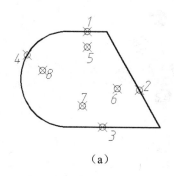 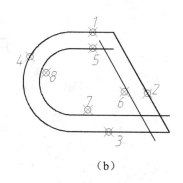 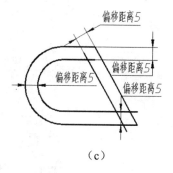

（a）　　　　　　　　　　（b）　　　　　　　　　　（c）

图 2-28　多个基本图形偏移效果

在偏移命令行中，有"通过(T)"、"删除(E)"、"图层(L)"3 个比较重要的选项："通过(T)"选项表示创建通过指定点的对象；"删除(E)"选项表示偏移源对象后将其删除；"图层(L)"选项设置将偏移对象创建在当前图层上还是源对象所在的图层上。

2.3.4　阵列

AutoCAD 为用户提供了两种阵列方式：矩形阵列和环形阵列，下面分别讲解。

1．矩形阵列

所谓矩形阵列，是指在 X 轴或在 Y 轴方向上等间距绘制多个相同的图形。执行"阵列"命令，弹出如图 2-29 所示的"阵列"对话框，选择"矩形阵列"单选按钮，则可以进行对象的矩形阵列操作。对话框中的参数含义如表 2-12 所示。

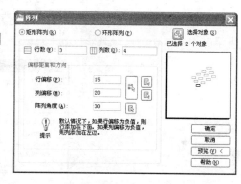

图 2-29　矩形阵列

表 2-12　矩形阵列参数含义

参数	含义
"选择对象"按钮	单击该按钮，可以切换到绘图区选择需要阵列的对象
"行"文本框	指定阵列行数，Y 方向为行
"列"文本框	指定阵列列数，X 方向为列
"行偏移"文本框	指定阵列的行间距。如果输入间距为负值，阵列将从上往下布置行
"列偏移"文本框	指定阵列的列间距。如果输入间距为负值，阵列将从右向左布置列
"阵列角度"文本框	指定阵列的角度

按照图 2-29 的设置，使用窗选方式选择图 2-30（a）中的点 1 和点 2 所包含区域里的对象作为对象，阵列后的效果如图 2-30（b）所示。

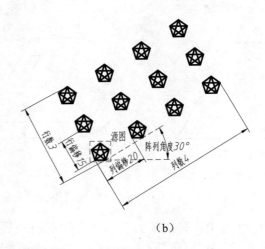

（a） （b）

图 2-30 阵列角度为 30 的矩形阵列

2. 环形阵列

所谓环形阵列，是指围绕中心点创建多个相同的图形。选择"环形阵列"单选按钮时，对话框效果如图 2-31 所示，可以进行对象的环形阵列操作。对话框中的参数含义如表 2-13 所示。

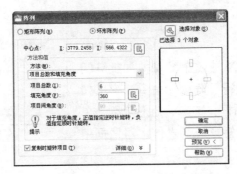

图 2-31 环形阵列

表 2-13 环形阵列参数含义

参数	含义
"中心点"选项	指定环形阵列的中心点。可在文本框直接输入X和Y坐标值，或单击"拾取中心点"按钮在绘图区指定中心点
"方法"下拉列表	设置定位对象所用的方法。提供了3种方式，不同的方式，会导致"方法和值"选项组中的其他文本框的灰度不可用
"项目总数"文本框	设置在结果阵列中显示的对象数目
"填充角度"文本框	通过定义阵列中第一个和最后一个元素基点之间的包含角来设置阵列大小。正值为逆时针，负值为顺时针
"项目间角度"文本框	设置相邻阵列对象的基点和阵列中心之间的包含角
"复制时旋转项目"复选框	设定环形阵列中的图形是否旋转

需要对图 2-32（a）中点 1、2 窗选的对象进行环形阵列，阵列中心点为点 3，则设置填

充角度为 360°和 170°的效果分别如图 2-32 (b)、图 2-32 (c) 所示。需要注意的是，这里选择了"复制时旋转项目"复选框。

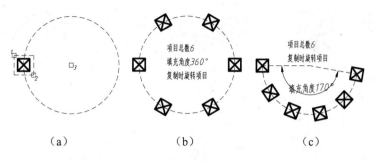

图 2-32　环形阵列效果

2.3.5　移动

执行 MOVE 命令后，命令行提示如下：

```
命令：_move
选择对象：                                      //拾取图 2-33 (a) 中的点 3
指定对角点：找到 2 个                           //拾取图 2-33 (a) 中的点 4，则选择到所有对象
选择对象：                                      //按下回车键，完成选择
指定基点或 [位移(D)] <位移>：                   //拾取图 2-33 (b) 中的点 1
指定第二个点或 <使用第一个点作为位移>：         //拾取图 2-33 (c) 中的点 2，完成移动
```

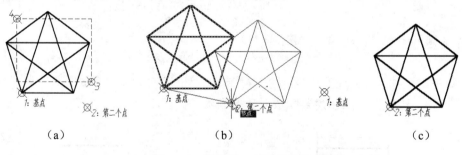

图 2-33　指定第二点移动对象

2.3.6　旋转

执行 ROTATE 命令后，命令行提示如下：

```
命令：_rotate
UCS 当前的正角方向：ANGDIR=逆时针  ANGBASE=0
选择对象：                           //拾取图 2-34 (a) 中的点 2
指定对角点：找到 2 个                //拾取图 2-34 (a) 中的点 3
选择对象：                           //按下回车键，完成选择
指定基点：                           //拾取图 2-34 (a) 中的点 1，进入旋转角度待输入状态 b
```

指定旋转角度，或［复制(C)/参照(R)］<0>：33
//输入角度，按下回车键，效果如图2-34（c）所示

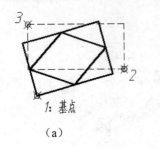 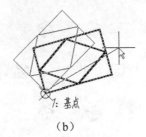 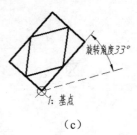

（a）　　　　　　　　　　（b）　　　　　　　　　　（c）

图2-34　指定旋转角度旋转对象

在命令行中，还有"复制(C)"和"参照(R)"两个选项，"复制(C)"选项表示创建要旋转的选定对象的副本；"参照(R)"选项表示将对象从指定的角度旋转到新的绝对角度，绝对角度可以直接输入，也可以通过两点来指定。

2.3.7　缩放

缩放有两种，一种是通过比例因子缩放，另一种是通过参照缩放，所谓比例因子缩放，是指按指定的比例放大或缩小选定对象的尺寸。执行 SCALE 命令，命令行提示如下：

```
命令：_scale
选择对象：找到 1 个              //拾取如图2-35（a）所示的点1，选择30×40的矩形
选择对象：                        //按下回车键，完成对象选择
指定基点：                        //拾取图2-35（a）中的点2为基点
指定比例因子或［复制(C)/参照(R)］<1.0000>:0.5
                                  //输入比例因子，按下回车键，效果如图2-35（b）所示
```

命令行中的选项"参照(R)"，表示按参照长度和指定的新长度缩放所选对象，命令行中也有"复制(C)"选项，可以创建要缩放对象的副本，如图2-35（c）所示。

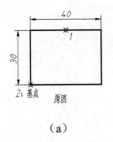 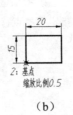 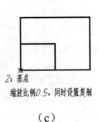

（a）　　　　　　　　　　（b）　　　　　　　　　　（c）

图2-35　比例缩放

2.3.8　拉伸

执行 STRETCH 命令后，命令行提示如下：

```
命令: _stretch
以交叉窗口或交叉多边形选择要拉伸的对象...
选择对象:                          //拾取图 2-36 (a) 中的点 1
指定对角点: 找到 6 个              //拾取图 2-36 (a) 中的点 2
选择对象:     //按下回车键，完成拉伸对象的选择，两个圆弧在选择框内，四条直线与窗口相交
指定基点或 [位移(D)] <位移>:       //拾取图 2-36 (b) 中的点 3
指定第二个点或 <使用第一个点作为位移>:
//拾取图 2-36 (b) 中的点 4，拉伸效果如图 2-36 (c) 所示
```

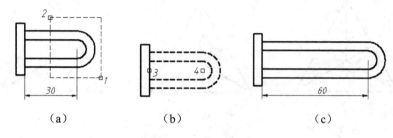

（a）　　　　　　　　（b）　　　　　　　　（c）

图 2-36　拉伸对象

2.3.9　修剪

在"修剪"命令中，有两类对象：剪切边和要修剪的对象，直线、射线、圆弧、椭圆弧、二维或三维多段线、构造线和填充区域等均可以作为剪切边，直线、射线、圆弧、椭圆弧、二维或三维多段线、构造线及样条曲线等可以作为要修剪的对象。

执行 **TRIM** 命令，命令行提示如下：

```
命令: _trim
当前设置:投影=UCS，边=无
选择剪切边...
选择对象或 <全部选择>: 找到 1 个     //拾取图 2-37 中的点 1
选择对象:                          //按下回车键，完成剪切边的选择，过点 1 的直线为剪切边
选择要修剪的对象，或按住 Shift 键选择要延伸的对象，或
[栏选(F)/窗交(C)/投影(P)/边(E)/删除(R)/放弃(U)]:   //拾取图 2-37 中的点 2
选择要修剪的对象，或按住 Shift 键选择要延伸的对象，或
[栏选(F)/窗交(C)/投影(P)/边(E)/删除(R)/放弃(U)]:   //拾取图 2-37 中的点 3
选择要修剪的对象，或按住 Shift 键选择要延伸的对象，或
[栏选(F)/窗交(C)/投影(P)/边(E)/删除(R)/放弃(U)]:
                              //按下回车键，修剪效果如图 2-37 (c) 所示
```

需要注意的是，对于修剪的对象，拾取的点一定要落在需要修剪掉的那部分图线上。继续使用"修剪"命令，可以拾取经过点 4 的直线为剪切边，修剪掉点 5 所在那一侧的图线，最终效果如图 2-37 (f) 所示。

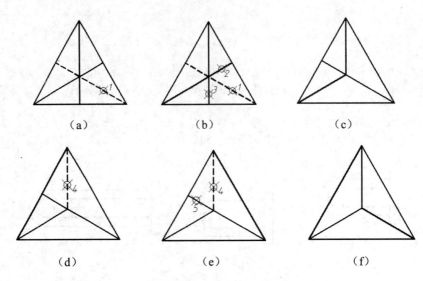

（a）　　　　　　　　（b）　　　　　　　　（c）

（d）　　　　　　　　（e）　　　　　　　　（f）

图 2-37　逐个修剪对象

命令行中其他选项的含义如下所示。

- "窗交(C)"选项：针对选择要修剪的对象而言，在选择矩形区域内部或与之相交的对象将被修剪掉。
- "栏选(F)"选项：针对选择要修剪的对象而言，指与选择栏相交的所有对象将被修剪。
- "边(E)"选项：在剪切边不通过要修剪对象的情况下，可以将要修剪的对象在剪切边的延长边处进行修剪。
- "删除"选项：指在执行"修剪"命令之后，命令行会提示用户是否需要删除不需要的对象，可以帮助用户在不退出修剪命令行的前提下实现删除操作。

2.3.10　延伸

"延伸"命令中两个重要的对象是边界边和要延伸的对象，边界边可以是直线、射线、圆弧、椭圆弧、圆、椭圆、二维或三维多段线、构造线和区域等图形，要延伸的对象可以是直线、射线、圆弧、椭圆弧、非封闭的二维或三维多段线等。执行 EXTEND 命令，命令行提示如下：

```
命令：_extend
当前设置:投影=UCS，边=无
选择边界的边...
选择对象或 <全部选择>：  找到 1 个                //拾取图 2-38（a）中的点 1
选择对象：                                      //按下回车键，完成对象选择
选择要延伸的对象，或按住 Shift 键选择要修剪的对象，或
[栏选(F)/窗交(C)/投影(P)/边(E)/放弃(U)]：  //拾取图 2-38（b）中的点 2
选择要延伸的对象，或按住 Shift 键选择要修剪的对象，或
[栏选(F)/窗交(C)/投影(P)/边(E)/放弃(U)]：  //拾取图 2-38（b）中的点 3
选择要延伸的对象，或按住 Shift 键选择要修剪的对象，或
```

[栏选(F)/窗交(C)/投影(P)/边(E)/放弃(U)]: //拾取图 2-38 (b) 中的点 4
选择要延伸的对象，或按住 Shift 键选择要修剪的对象，或
[栏选(F)/窗交(C)/投影(P)/边(E)/放弃(U)]:
//按下回车键，完成延伸，效果如图 2-38 (c) 所示

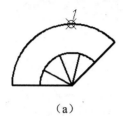
（a）

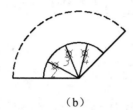
（b）

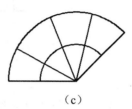
（c）

图 2-38 延伸对象

"延伸"命令的其他选项与"修剪"命令类似，这里不再赘述。

2.3.11 打断于点

执行"打断于点"命令，命令行提示如下：

命令：_break
选择对象：   //拾取图 2-39 (a) 中的点 1
指定第二个打断点 或 [第一点(F)]: _f   //系统自动输入
指定第一个打断点：   //拾取图 2-39 (a) 中的点 2，为第一个打断点
指定第二个打断点：@   //系统自动输入@，用户按下回车键即可，效果如图 2-39 (b) 所示

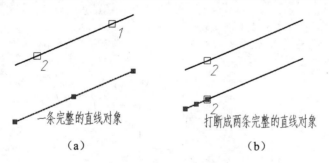

（a）   （b）

图 2-39 打断于点操作

2.3.12 打断

执行 BREAK 命令后，命令行提示如下：

命令：_break
选择对象：   //拾取图 2-40 (a) 中的点 1
指定第二个打断点 或 [第一点(F)]: f //输入 f，表示重新拾取第一个打断点
指定第一个打断点：   //拾取点 2，圆弧与直线的交点为第一个打断点
指定第二个打断点：

//拾取点 3，圆弧与直线的另一个交点为第二个打断点，打断效果如图 2-40（b）所示

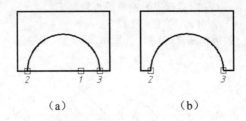

（a） （b）

图 2-40 打断操作

需要注意的是，如果不重新指定第一个打断点，则拾取点为第一个打断点。

2.3.13 倒角

默认的倒角方式是通过设置距离确定倒角，也就是命令行中的"距离(D)"选项，该选项用于设置倒角至选定边端点的距离，其命令行提示如下：

```
命令: _chamfer
("修剪"模式) 当前倒角距离 1 = 0.0000，距离 2 = 0.0000
选择第一条直线或 [放弃(U)/多段线(P)/距离(D)/角度(A)/修剪(T)/方式(E)/多个(M)]:d
                        //输入 d，对两个倒角距离进行设定
指定第一个倒角距离 <0.0000>: 10        //设定第一个倒角距离
指定第二个倒角距离 <10.0000>: 5        //设定第二个倒角距离
选择第一条直线或 [放弃(U)/多段线(P)/距离(D)/角度(A)/修剪(T)/方式(E)/多个(M)]:
            //拾取图 2-41 (a) 中的点 1，则经过点 1 的直线为第一个倒角距离确定倒角
选择第二条直线，或按住 Shift 键选择要应用角点的直线：
//拾取图 2-41 (a) 中的点 2，则经过点 2 的直线为第二个倒角距离确定倒角，
//倒角效果如图 2-41 所示
```

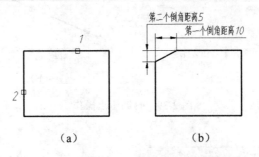

（a） （b）

图 2-41 倒角操作

命令行中的"角度(A)"选项表示用第一条线的倒角距离和角度设置第二条线的倒角距离，"多段线(P)"选项表示对整个二维多段线倒角，"修剪(T)"选项表示是否将选定的边修剪到倒角直线的端点，"多个(M)"选项表示连续为多组对象进行倒角操作。

2.3.14 圆角

与倒角类似，常规的圆角操作，需要首先设置圆角半径，其命令行提示如下：

```
命令：_fillet
当前设置：模式 = 修剪，半径 = 0.0000
选择第一个对象或 [放弃(U)/多段线(P)/半径(R)/修剪(T)/多个(M)]：r//输入 r，设置圆角半径
指定圆角半径 <0.0000>：10                              //输入圆角半径 10
选择第一个对象或 [放弃(U)/多段线(P)/半径(R)/修剪(T)/多个(M)]：
                                          //拾取图 2-42 (a) 中的点 1
选择第二个对象，或按住 Shift 键选择要应用角点的对象：
                          //拾取图 2-42 (a) 中的点 2，效果如图 2-42 (b) 所示
```

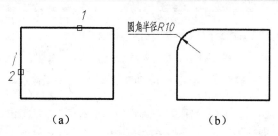

（a）　　　　　　　　　　　　（b）

图 2-42　圆角操作

同样，圆角操作也可以直接对多段线进行操作，也可以进行多组圆角操作，与"倒角"类似。

2.3.15 合并

执行 **JOIN** 命令后，命令行提示如下：

```
命令：_join
选择源对象：                      //拾取图 2-43 (a) 所示的点 1
选择要合并到源的直线： 找到 1 个            //拾取图 2-43 (a) 所示的点 2
选择要合并到源的直线：
//按下回车键，则经过点 2 的直线合并到经过点 1 的直线上，合并为一条完整的直线，
//效果如图 2-43 (b) 所示
已将 1 条直线合并到源
```

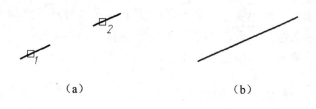

（a）　　　　　　　　　　　　（b）

图 2-43　合并直线对象

2.3.16 分解

执行"分解"命令后，命令行提示如下：

```
命令：_explode
选择对象：找到 1 个                    //选择需要分解的对象
...
选择对象：                            //按下回车键，则所选择的对象均分解为最小单位的单一对象
```

2.3.17 拉长

选择"修改"|"拉长"命令，可以修改对象的长度和圆弧的包含角，常规的也是默认的拉长方式是"增量(DE)"，其命令行提示如下：

```
命令：_lengthen
选择对象或 [增量(DE)/百分数(P)/全部(T)/动态(DY)]：de//输入 de，表示使用增量方式拉长
输入长度增量或 [角度(A)] <20.0000>：20//输入增量长度 20
选择要修改的对象或 [放弃(U)]：//拾取图 2-44 (a) 中的点 1，点 1 位于直线的右侧，则右侧拉长
选择要修改的对象或 [放弃(U)]：//拾取图 2-44 (b) 中的点 2，点 2 位于直线的左侧，则左侧拉长
选择要修改的对象或 [放弃(U)]：//按下回车键，完成拉长，拾取点 1
//拉长效果如图 2-44 (b) 所示，拾取点 2，拉长效果如图 2-44 (c) 所示
```

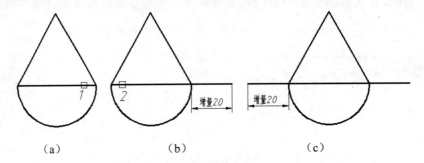

（a）   （b）   （c）

图 2-44　通过增量长度拉长对象

从增量的命令行可以看出，以指定的增量修改对象的长度，该增量从距离选择点最近的端点处开始测量，另外，增量为正值时扩展对象，增量为负值时修剪对象。

除了增量方式外，命令行还提供了其他几种方式，其中"百分数(P)"选项表示通过指定对象总长度的百分数设置对象长度，"全部(T)"方式表示通过从固定端点测量的总长度的绝对值来设置选定对象的长度，"动态(DY)"方式表示打开动态拖动模式，通过拖动选定对象的端点之一来改变其长度，其他端点保持不变。

2.3.18 对齐

选择"修改"|"三维操作"|"对齐"命令，可以在平面中将对象与其他对象对齐，命令

行提示如下：

```
命令：_align
选择对象：找到 1 个              //拾取图 2-45 中的点 1，选择经过点 1 的多段线
选择对象：                     //按下回车键，完成选择
指定第一个源点：                //拾取图 2-45 中的点 2
指定第一个目标点：              //拾取图 2-45 中的点 3，这样，点 2 将与点 3 重合
指定第二个源点：                //拾取图 2-45 中的点 4
指定第二个目标点：              //拾取图 2-45 中的点 5
指定第三个源点或 <继续>：        //按下回车键，完成点选择
是否基于对齐点缩放对象？[是(Y)/否(N)] <否>：
                              //按下回车键，表示不缩放对象，效果如图 2-45（c）
```

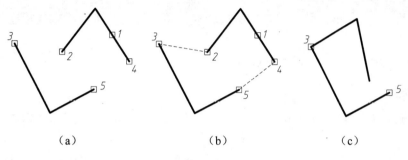

（a）　　　　　　　　　　（b）　　　　　　　　　　（c）

图 2-45　对齐对象

通过以上命令行的操作可以看出，当不缩放对象的时候，第一个源点和第一个目标点将会重合，第二个源点将尽量去靠近第二个目标点，如果不能重合，将落在两个目标点的连线上，效果如图 2-46 所示。

以上只是不缩放对象的效果，如果缩放对象，则源点所在的对象将通过缩放来适应目标点所在对象，使得第一个源点和第一个目标点重合，第二个源点和第二个目标点重合，图形的大小和位置会发生变化，而图形的形状并不发生变化，效果如图 2-47 所示。

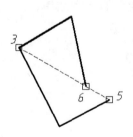

图 2-46　源点和目标点位置关系

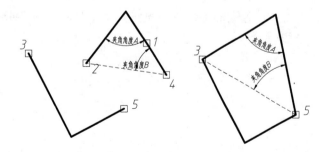

图 2-47　通过缩放对象来对齐对象

NO.2.4

习题

一、填空题

(1) 所谓笛卡儿坐标系，有3个轴，即 _____、_____和_____。

(2) 所谓极坐标系，规定角度以_____的正方向为0°，按_____增大。

(3) 创建正多边形有三种方式_____、_____和_____。

(4) 使用_____命令，可以将其他图线转换为多段线，并可以将多条相连的图线转换为多段线。

(5) _____命令，可以将圆弧还原成圆。

二、选择题

(1) 已知点1的坐标为（30,50），点2的坐标为（-10,20），则点2相对于点1的坐标为_____。

    A．(@-40,-30)　　　　B．(@40,30)　　　　C．(@20,70)　　　　D．(@-20,-70)

(2) 基本图形中，_____可以在绘制过程中直接设置线宽。

    A．直线　　　　B．多线　　　　C．多段线　　　　D．样条曲线

(3) _____命令不可以复制对象。

    A．阵列　　　　B．移动　　　　C．缩放　　　　D．旋转

(4) 已知一个半径为60的圆，在此基础上可以使用_____命令绘制一个半径为30的同心圆。

    A．复制　　　　B．偏移　　　　C．阵列　　　　D．缩放

(5) 对矩形进行拉伸操作，拉伸对象如图2-48所示，矩形的4条边中，边_____的长度会改变。

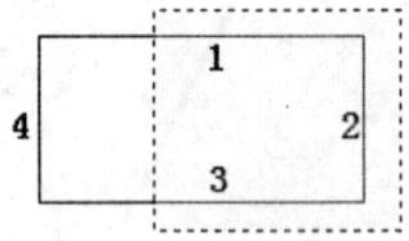

图 2-48　拉伸矩形

    A．1　　　　B．2　　　　C．3　　　　D．4

三、上机题

(1) 使用基本绘图命令和二维编辑命令创建如图2-49所示的基本图形。

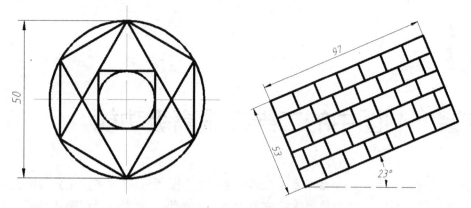

图 2-49　基本图形的绘制

（2）创建尺寸如图 2-50 所示的电视机平面图。

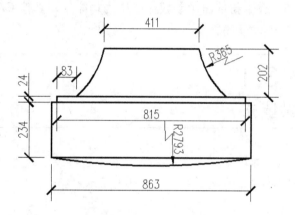

图 2-50　电视机平面图

（3）创建尺寸如图 2-51 所示的窗格雕花。

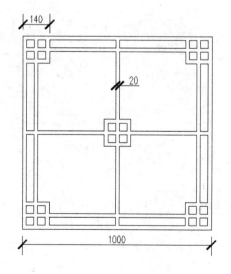

图 2-51　窗格雕花效果

第3章

装饰装潢制图中的二维绘图高级功能

在第 2 章已经学习了一些最基本的二维绘图和编辑命令，基本掌握了各种常见的二维方法。在装饰装潢制图的时候需要表达装饰装潢材料的类型，需要快速创建重复的图形对象和图形区域，这时候就需要用到图案填充、块、面域等功能。本章将给读者介绍这 3 种功能的具体使用方法。由于 2010 版本新推出了参数化建模的功能，与其他 CAD 软件相比，虽然不是很完善，但是体现了一种建模的思想。

NO. 3.1
图案填充

在装饰装潢制图中，剖面填充用来表达装饰装潢中各种装饰装潢材料的类型、地基轮廓面、房屋顶的结构特征以及墙体的剖面等。如图 3-1 所示是经过了图案填充的装饰装潢图。

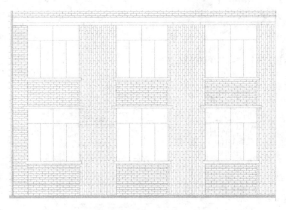

图 3-1　装饰装潢图

3.1.1　创建图案填充

在命令行中输入 HATCH 命令，或者单击〝绘图〞工具栏中的〝填充图案〞按钮，或者选择〝绘图〞|〝图案填充〞命令，都可打开如图 3-2 所示的〝图案填充和渐变色〞对话框。用户可在对话框中的各选项卡中设置相应的参数，给相应的图形创建图案填充。

图 3-2　"图案填充和渐变色"对话框

其中"图案填充"选项卡包括 10 个选项组：类型和图案、角度和比例、图案填充原点、边界、选项、孤岛、边界保留、边界集、允许的间隙和继承特性。下面介绍几个常用选项的参数。

1. 类型和图案

在"类型和图案"选项组中可以设置填充图案的类型，其中：

- "类型"下拉列表框包括"预定义"、"用户定义"和"自定义"3 种图案类型。其中"预定义"类型是指 AutoCAD 存储在产品附带的 acad.pat 或 acadiso.pat 文件中的预先定义的图案，是制图中的常用类型。

- "图案"下拉列表框控制对填充图案的选择，下拉列表显示填充图案的名称，并且最近使用的 6 个用户预定义图案出现在列表顶部。单击 [...] 按钮，弹出"填充图案选项板"对话框，如图 3-3 所示，通过该对话框可选择合适的填充图案类型。

- "样例"列表框显示选定图案的预览。

- "自定义图案"下拉列表框在选择"自定义"图案类型时可用，其中列出了可用的自定义图案，6 个最近使用的自定义图案将出现在列表顶部。

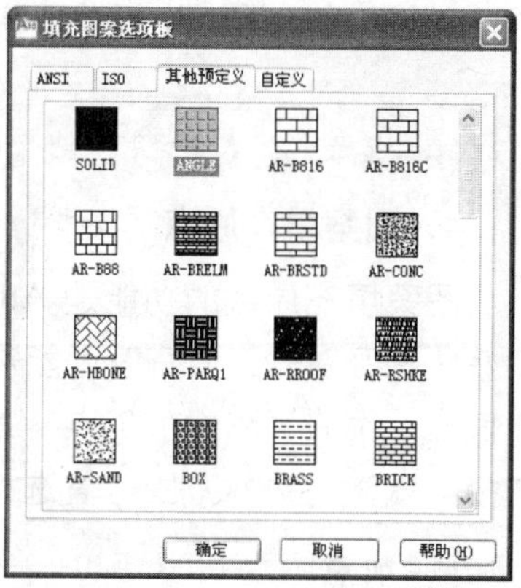

2. 角度和比例

"角度和比例"选项组包含"角度"、"比例"、"间距"和"ISO 笔宽"4 部分内容。主要控制填充的疏密程度和倾斜程度。

图 3-3　"填充图案选项板"对话框

- "角度"下拉列表框可以设置填充图案的角度，"双向"复选框设置当填充图案选择"用户定义"时采用当前线型的线条布置是单向还是双向。
- "比例"下拉列表框用于设置填充图案的比例值。图3-4为选择AR-BRSTD填充图案进行不同角度和比例值填充的效果。

  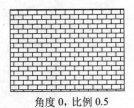

角度0，比例1　　　　　　角度45，比例1　　　　　　角度0，比例0.5

图3-4　角度和比例的控制效果

- "ISO笔宽"下拉列表框主要针对用户选择"预定义"填充图案类型，同时选择了ISO预定义图案时，可以通过改变笔宽值来改变填充效果。

3．边界

"边界"选项组主要用于指定图案填充的边界，用户可以通过指定封闭对象区域中的点或者对象的方法确定填充边界，通常使用的是"添加：拾取点"按钮🖼和"添加：选择对象"按钮🖼。

- "添加：拾取点"按钮🖼根据围绕指定点构成封闭区域的现有对象确定边界。单击该按钮，此时对话框将暂时关闭，系统将会提示用户拾取一个点。命令行提示如下：

命令：_bhatch
拾取内部点或 [选择对象(S)/删除边界(B)]：　正在选择所有对象...

- "添加：选择对象"按钮🖼根据构成封闭区域的选定对象确定边界。单击该按钮，对话框将暂时关闭，系统将会提示用户选择对象，命令行提示如下：

命令：_bhatch
选择对象或 [拾取内部点(K)/删除边界(B)]：　//选择对象边界

4．图案填充原点

图案填充原点的功能是AutoCAD 2006中文版之后的新增功能。在默认情况下，填充图案始终相互对齐。但有时可能需要移动图案填充起点（称为原点），这就需要重新设置图案填充原点。选择"指定的原点"单选按钮后，单击🖼按钮，在绘图区用光标拾取新原点，或者选择"默认为边界范围"复选框，并在下拉菜单中选择所需点作为填充原点。

5．孤岛

"图案填充和渐变色"对话框弹出时，用户并不能看到"孤岛检测"复选框，单击右下角的"更多选项"按钮⊙时才会弹出，选择"孤岛检测"复选框，创建图案填充时进行孤岛检测，图3-5显示了不同孤岛检测方式的对比效果。

- "普通"检测表示从最外层边界向内部填充，对第一个内部岛形区域进行填充，间隔一个图形区域，转向下一个检测到的区域进行填充，如此反复交替进行。
- "外部"检测表示从最外层的边界向内部填充，只对第一个检测到的区域进行填充，填充后就终止该操作。
- "忽略"检测表示从最外层边界开始，不再进行内部边界检测，对整个区域进行填充，忽略其中存在的孤岛。

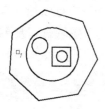 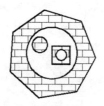 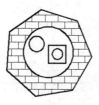 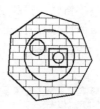

　　未填充效果　　　　　　　普通检测填充　　　　　　　外部检测填充　　　　　　　忽略检测填充

图 3-5　孤岛检测效果

3.1.2　编辑图案填充

　　在 AutoCAD 中，填充图案的编辑主要包括变换填充图案、调整填充角度和调整填充比例等，在"图案填充编辑"对话框和"特性"浮动窗口中都可以对填充图案进行编辑。

　　在绘图区双击需要编辑的填充图案，或者在需要编辑的填充图案上右击鼠标，在弹出的快捷菜单中选择"编辑图案填充"命令，都会弹出如图 3-6 所示的"图案填充编辑"对话框。在需要编辑的填充图案上右击鼠标，在弹出的快捷菜单中选择"特性"命令，弹出如图 3-7 所示的"特性"浮动窗口。"图案填充编辑"对话框的设置方法与"图案填充和渐变色"对话框类似，不再赘述。

图 3-6　"图案填充编辑"对话框　　　　　　　图 3-7　"特性"浮动窗口

NO.3.2
块

图块是组成复杂对象的一组实体的总称。在图块中，各图形实体都有各自的图层、线型及颜色等特性，只是 AutoCAD 将图块作为一个单独、完整的对象来操作。用户可以根据实际需要将图块按给定的缩放系数和旋转角度插入到指定的位置，也可以对整个图块进行复制、移动、旋转、缩放、镜像和阵列等操作。

3.2.1 创建块

选择"绘图"|"块"|"创建"命令，或者在命令行中输入 BLOCK 命令，或者单击"绘图"工具栏中的"创建块"按钮 ，都会弹出如图 3-8 所示的"块定义"对话框，在各选项组中可以通过设置相应的参数创建一个内部图块。

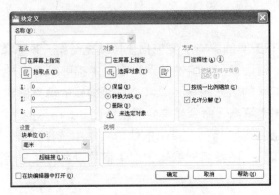

图 3-8 "块定义"对话框

- "名称"下拉列表框用于输入当前要创建的内部图块名称。
- "基点"选项组用于确定要插入点的位置。此处定义的插入点是该块将来要插入的基准点，也是块在插入过程中旋转或缩放的基点。用户可以通过在 X 文本框、Y 文本框和 Z 文本框中直接输入坐标值或单击"拾取点"按钮 ，切换到绘图区，在图形中直接指定。
- "对象"选项组用于指定包括在新块中的对象。选中"保留"单选按钮，表示定义图块后，构成图块的图形实体将保留在绘图区，不转换为块。选中"转换为块"单选按钮，表示定义图块后，构成图块的图形实体也转换为块。选中"删除"单选按钮，表示定义图块后，构成图块的图形实体将被删除。用户可以通过单击"选择对象"按钮 ，切换到绘图区选择要创建为块的图形实体。
- "设置"选项组中的"块单位"下拉列表用于设置创建块的单位，以块单位为毫米为例，表示一个图形单位代表一个毫米，如果为厘米，则表示一个图形单位代表一个厘米。
- "方式"选项组用于设置创建块的属性，"注释性"复选框设置创建的块是否为注释性的，"按统一比例缩放"复选框设置块在插入时是否只能按统一比例缩放，"允许分解"复选框设置块在以后的绘图中是否可以分解。

● "说明"选项组用于设置对块的说明。"在块编辑器中打开"复选框表示在关闭"块定义"对话框后是否打开动态块编辑器。

3.2.2　创建外部块

在命令行中输入 **WBLOCK** 命令，弹出如图 3-9 所示的"写块"对话框，在各选项组中可以设置相应的参数，从而创建一个外部图块。

图 3-9　"写块"对话框

"写块"对话框中基点拾取和对象选择与"块定义"对话框是一致的，这里不再赘述。

"目标"选项组用于设置图块保存的位置和名称。用户可以在"文件名和路径"下拉列表框中直接输入图块保存的路径和文件名，或者单击┈按钮，打开"浏览图形文件"对话框，在"保存于"下拉列表框中选择文件保存路径，在"文件名"文本框中设置文件名称。

如图 3-10 所示是装饰装潢制图中常用的图例树，通常保存为外部图块，以供在不同的装饰装潢图中使用。执行 **WBLOCK** 命令，选择如图 3-10 所示的端点，选择如图 3-11 所示的图形，在"文件名和路径"下拉列表框中输入路径和名称为"d:\图例树"，如图 3-12 所示，单击"确定"按钮，完成外部图块的创建。

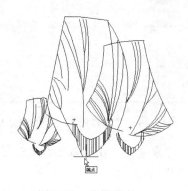

图 3-10　选择基点

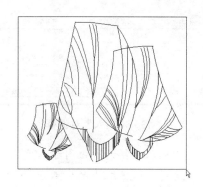

图 3-11　选择对象

图 3-12　设置"写块"对话框

3.2.3　插入块

完成块的定义后，就可以将块插入到图形中。插入块或图形文件时，用户一般需要确定块的 4 组特征参数，即要插入的块名、插入点的位置、插入的比例系数和块的旋转角度等。

单击"绘图"工具栏中的"插入块"按钮，或者选择"插入"|"块"命令，或者在命令行中输入 IBSERT 命令，都会弹出如图 3-13 所示的"插入"对话框，设置相应的参数，单击"确定"按钮，就可以插入内部图块或者外部图块。

在"名称"下拉列表框中选择已定义的需要插入到图形中的内部图块，或者单击"浏览"按钮，弹出如图 3-14 所示的"选择图形文件"对话框，找到要插入的外部图块所在的位置，单击"打开"按钮，返回"插入"对话框进行其他参数的设置。

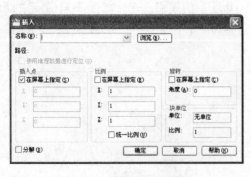

图 3-13　"插入"对话框

图 3-14　"选择图形文件"对话框

- "插入点"选项组用于指定图块的插入位置，通常选择"在屏幕上指定"复选框，在绘图区以拾取点的方式配合"对象捕捉"功能进行指定。
- "比例"选项组用于设置图块插入后的比例。选中"在屏幕上指定"复选框，则可以在命令行中指定缩放比例，用户也可以直接在 X 文本框、Y 文本框和 Z 文本框中输入数值，以指定各个方向上的缩放比例。"统一比例"复选框用于设定图块在 X、Y、Z 方向上的缩放是否一致。

- "旋转"选项组用于设定图块插入后的角度。选中"在屏幕上指定"复选框，则可以在命令行中指定旋转角度，也可以直接在"角度"文本框中输入数值，以指定旋转角度。

3.2.4　创建块属性

图块属性是图块的一个组成部分，它是块的非图形信息，包含于块的文字对象中。图块属性可以增加图块的功能，其中文字信息又可以说明图块的类型和数目等。当用户插入一个块时，其属性也随之插入到图形中；当用户对块进行操作时，其属性也随之改变。块的属性由属性标签和属性值两部分组成，属性标签就是指一个项目，属性值就是指具体的项目情况。用户可以对块的属性进行定义、修改以及显示等操作。

1. 创建块属性

选择"绘图"|"块"|"定义属性"命令，或者在命令行中输入 ATTDEF 命令，都会弹出如图 3-15 所示的"属性定义"对话框，用户可以为图块属性设置相应的参数。

图 3-15　"属性定义"对话框

- "模式"选项组用于设置属性模式。"不可见"复选框用于控制插入图块的属性值是否在图中显示；"固定"复选框表示属性值是一个常量；"验证"复选框表示会提示输入两次属性值，以便验证属性值是否正确；"预设"复选框表示图块以默认的属性值插入。"锁定位置"复选框表示锁定块参照中属性的位置，若解锁，属性可以相对于使用夹点编辑的块的其他部分移动，并且可以调整多行属性的大小。"多行"复选框用于指定属性值是否可以包含多行文字，选定此选项后，可以指定属性的边界宽度。
- "属性"选项组用于设置属性的一些参数。"标记"文本框用于输入显示标记；"提示"文本框用于输入提示信息，提醒用户指定属性值；"默认"文本框用于输入默认的属性值。

- "插入点"选项组用于指定图块属性的显示位置。选中"在屏幕上指定"复选框，则可以在绘图区指定插入点，也可以直接在 X 文本框、Y 文本框和 Z 文本框中输入坐标值，以确定插入点。

- "文字设置"选项组用于设定属性值的基本参数。"对正"下拉列表框用于设定属性值的对齐方式；"文字样式"下拉列表框用于设定属性值的文字样式；"文字高度"文本框用于设定属性值的高度；"旋转"文本框用于设定属性值的旋转角度。

- "在上一个属性定义下对齐"复选框仅在当前文件中已有属性设置时有效，选中则表示此次属性设定继承上一次属性定义的参数。

通过"属性定义"对话框，用户可以定义一个属性，但是并不能指定该属性属于哪个图块，因此用户必须通过"块定义"对话框将图块和定义的属性重新定义为一个新的图块。

定义好属性并与图块一同定义为新图块之后，用户就可以通过执行 INSERT 命令插入带属性的图块。在插入过程中，需要根据提示输入相应的属性值。

2. 编辑块属性

在命令行中输入 ATTEDIT 命令，命令行提示如下。

```
命令：ATTEDIT                    //执行 ATTEDIT 命令
选择块参照：                      //要求指定需要编辑属性值的图块
```

在绘图区选择需要编辑属性值的图块，弹出"编辑属性"对话框，如图 3-16 所示。用户可以在定义的提示信息文本框中输入新的属性值，单击"确定"按钮完成修改。

也可以选择"修改"|"对象"|"属性"|"单个"命令，命令行提示"选择块："，选择相应的图块后，弹出如图 3-17 所示的"增强属性编辑器"对话框。在"属性"选项卡中，可以在"值"文本框中修改属性值。如图 3-18 所示，在"文字选项"选项卡中可以修改文字属性，与"属性定义"对话框类似，不再赘述。如图 3-19 所示，在"特性"选项卡中可以对属性所在的图层、线型、颜色和线宽等进行设置。

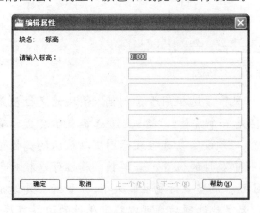

图 3-16 "编辑属性"对话框

图 3-17 "属性"选项卡

图 3-18　"文字选项"选项卡

图 3-19　"特性"选项卡

3.2.5　创建动态块

动态块是从 AutoCAD 2006 中文版开始提供的一个新功能，具有灵活性和智能性，用户在操作时可以轻松地更改图形中的动态块参照；具有自定义夹点和自定义特性，可以通过这些自定义夹点和自定义特性来操作块。

默认情况下，动态块的自定义夹点的颜色与标准夹点的颜色和样式不同，表 3-1 显示了可以包含在动态块中不同类型的自定义夹点。

表 3-1　动态块夹点的操作方式

夹点类型	图样	操作方式
标准	■	平面内的任意方向
线性	▶	按规定方向或沿某一条轴往返移动
旋转	●	围绕某一条轴
翻转	◀	单击以翻转动态块参照
对齐	▶	平面内的任意方向；如果在某个对象上移动，则使块参照与该对象对齐
查寻	▼	单击以显示项目列表

每个动态块至少包含一个参数以及一个与该参数关联的动作。用户单击"标准"工具栏上的"块编辑器"按钮，或者选择"工具"|"块编辑器"命令，或者在命令行输入 Bedit 命令，均可弹出如图 3-20 所示的"编辑块定义"对话框，在"要创建或编辑的块"文本框中可以选择已经定义的块，也可以选择当前图形创建的新动态块，如果选择"<当前图形>"，当前图形将在块编辑器中打开。

单击"编辑块定义"对话框中的"确定"按钮，即可进入"块编辑器"，如图 3-21 所示，"块编辑器"由块编辑器工具栏、块编写选项板和编写区域 3 部分组成。

图 3-20　"编辑块定义"对话框

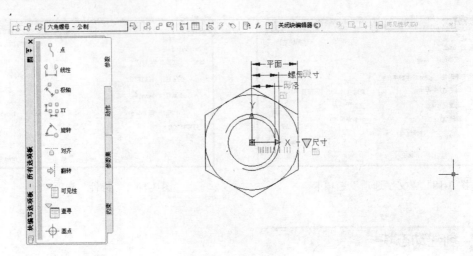

第
3
章

图 3-21 块编辑器

1. 块编辑器工具栏

块编辑器工具栏位于整个编辑区的正上方，提供了用于创建动态块以及设置可见性状态的工具，包括如下一些选项功能。

- "编辑或创建块定义"按钮：单击该按钮，将会弹出"编辑块定义"对话框，用户可以重新选择需要创建的动态块。

- "保存块定义"按钮：单击该按钮，保存当前块定义。

- "将块另存为"按钮：单击该按钮，将弹出"将块另存为"对话框，用户可以重新输入块名称另存。

- "名称"文本框：该文本框显示当前块的名称。

- "测试块"按钮：单击该按钮，可从块编辑器打开一个外部窗口以测试动态块。

- "自动约束对象"按钮：单击该按钮，可根据对象相对于彼此的方向将几何约束自动应用于对象。

- "应用几何约束"按钮：单击该按钮，可在对象或对象上的点之间应用几何约束。

- "显示\隐藏约束栏"按钮：单击该按钮，可以控制对象上的可用几何约束的显示或隐藏。

- "参数约束"按钮：单击该按钮，可将约束参数应用于选定对象，或将标注约束转换为参数约束。

- "块表"按钮：单击该按钮，可显示对话框以定义块的变量。

- "编写选项板"按钮：单击该按钮，可以控制"块编写选项板"的开关。

- "参数"按钮：单击该按钮，将向动态块定义中添加参数。

- "动作"按钮：单击该按钮，将向动态块定义中添加动作。

- "定义属性"按钮：单击该按钮，将弹出"属性定义"对话框，从中可以定义模式、属性标记、提示、值、插入点和属性的文字选项。

- "了解动态块"按钮：单击该按钮，将显示"新功能专题研习"创建动态块的演示。

- "关闭块编辑器"按钮：单击该按钮，将关闭块编辑器返回到绘图区域。

2. 块编写选项板

块编写选项板中包含用于创建动态块的工具，包含"参数"、"动作"、"参数集"和"约束"4 个选项卡。

- "参数"选项卡如图 3-22 所示，用于向块编辑器中的动态块添加参数，动态块的参数包括点、线性、极轴、XY、旋转、对齐、翻转、可见性、查寻和基点。
- "动作"选项卡如图 3-23 所示，用于向块编辑器中的动态块添加动作，包括移动、缩放、拉伸、极轴拉伸、旋转、翻转、阵列和查寻。
- "参数集"选项卡，如图 3-24 所示，用于向动态块定义中添加参数和至少一个动作，是创建动态块的一种快捷方式。
- "约束"选项卡如图 3-25 所示，用于向动态块定义中添加几何约束或者标注约束。

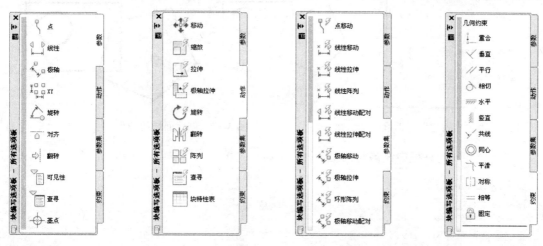

图 3-22 "参数"选项卡　图 3-23 "动作"选项卡　图 3-24 "参数集"选项卡　图 3-25 "约束"选项卡

3. 编写区域

编写区域类似于绘图区域，用户可以在编写区域进行缩放操作，可以给要编写的块添加参数和动作。用户在"块编写选项板"的"参数"选项卡上选择添加给块的参数，出现的感叹号图标，表示该参数还没有相关联的动作，在"动作"选项卡上选择相应的动作，命令行会提示用户选择参数，之后选择动作对象，最后设置动作位置，以"动作"选项卡里相应动作的图标表示。不同的动作，操作均不相同。

NO.3.3
边界和面域

面域是具有物理特性（例如形心或质量中心）的二维封闭区域，可以将现有面域组合成单个、复杂的面域来计算面积，可以通过面域创建三维的实体，可以对面域填充和着色，并可以提取几何数据。下面给读者讲解创建面域的方法。

3.3.1 创建边界

选择"绘图"|"边界"命令或在命令行中输入 **boundary** 命令可以根据构成封闭区域的现有对象创建两种对象，一种是面域，另外一种是多段线。执行该命令后，弹出如图 **3-26** 所示的"边界创建"对话框，在"对象类型"下拉列表中，选择"面域"选项则创建面域，选择"多段线"选项则创建多段线。

以如图 **3-27** 所示的图形为例，演示如何创建面域。

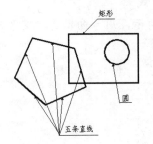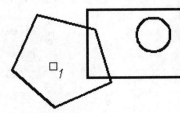

图 3-26　"边界创建"对话框　　　　　图 3-27　创建面域的图形

"边界创建"对话框中设置对象类型为"面域"，单击"拾取点"按钮，命令行提示如下：

```
命令：_boundary
拾取内部点：                          //拾取图 3-27 中的点 1
正在选择所有对象...
正在选择所有可见对象...
正在分析所选数据...
正在分析内部孤岛...
拾取内部点：
已提取 1 个环。
已创建 1 个面域。
BOUNDARY 已创建 1 个面域          //完成面域的创建，效果如图 3-28 所示
```

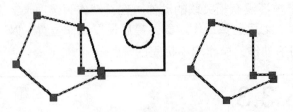

图 3-28　创建面域效果

创建多段线的方法与创建面域完全一致，仅仅是最后创建的对象不同，这里不再重复。

3.3.2 创建面域

选择"绘图"|"面域"命令,或单击"绘图"工具栏中的"面域"按钮◎,或在命令行中输入 region 命令可以将封闭区域的对象转换为面域对象,命令提示如下:

```
命令: _region
选择对象: 找到 1 个              //拾取图 3-29 中的点 1
选择对象:                        //拾取点 2
指定对角点: 找到 5 个, 总计 6 个   //拾取点 3
选择对象:                        //按下回车键,完成选择
已提取 2 个环。
已创建 2 个面域                   //表示完成面域的创建,如图 3-29 中的右图所示
```

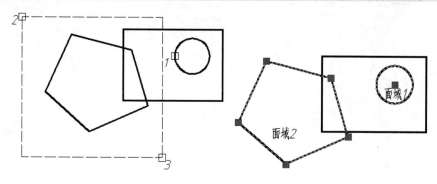

图 3-29　创建面域

对于面域,用户可以使用并集、交集和差集命令进行布尔运算,布尔运算主要运用在三维实体的创建中,这里简要介绍一下。

● 使用 UNION 命令,通过添加操作合并选定面域,命令行提示如下:

```
命令: _union
选择对象: 找到 1 个              //拾取如图 3-30 所示的面域 1
选择对象: 找到 1 个, 总计 2 个    //拾取如图 3-30 所示的面域 2
选择对象:                        //按下回车键,完成并集,效果如图 3-31 (a) 所示
```

图 3-30　布尔运算对象

● 使用 SUBTRACT 命令,可以通过减操作合并选定的面域,命令行提示如下:

```
命令: _subtract
选择要从中减去的实体或面域...
```

```
选择对象：找到 1 个              //选择如图 3-30 所示的面域 1
选择对象：                       //按下回车键，完成选择
选择要减去的实体或面域 ..
选择对象：找到 1 个              //选择如图 3-30 所示的面域 2
选择对象：                       //按下回车键，完成选择，效果如图 3-31 (b) 所示
```

- 使用 INTERSECT 命令，可以从两个或多个面域的交集中创建复合面域，然后删除交集外的区域。

```
命令：_intersect
选择对象：找到 1 个              //选择如图 3-30 所示的面域 1
选择对象：找到 1 个，总计 2 个   //选择如图 3-30 所示的面域 2
选择对象：                       // 按下回车键，完成选择，效果如图 3-31 (c) 所示
```

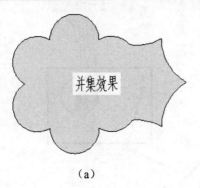

(a)　　　　　　　　　　　　(b)　　　　　　　　　　　(c)

图 3-31　布尔运算效果

NO.3.4
参数化建模

所谓参数化建模就是通过一组参数来约定几何图形的几何关系和尺寸关系。参数化设计的突出点在于可以通过变更参数的方法修改设计意图。

3.4.1　几何约束

几何约束可将几何对象关联在一起，或者指定固定的位置或角度，应用约束后，只允许对该几何图形进行不违反此类约束的更改。

在应用约束时选择两个对象的顺序十分重要。通常，所选的第二个对象会根据第一个对象进行调整。例如，应用垂直约束时，用户选择的第二个对象将调整为垂直于第一个对象。

用户可通过如图 3-32 所示的"参数"|"几何约束"的子菜单命令，或者"几何约束"工具栏上的按钮命令来创建各种几何约束。

图 3-32　"参数" | "几何约束"的子菜单命令和"几何约束"工具栏

创建几何约束的步骤大同小异，以创建平行约束为例来讲解创建方法，选择"参数" | "几何约束" | "平行"命令，命令行提示如下：

```
命令：_GeomConstraint
输入约束类型
[水平(H)/竖直(V)/垂直(P)/平行(PA)/相切(T)/平滑(SM)/重合(C)/同心(CON)/共线(COL)
/对称(S)/相等(E)/固定(F)]
<垂直>:_Parallel                          //创建平行几何约束
选择第一个对象：                          //拾取如图 3-33 所示的直线 1
选择第二个对象：                          //拾取如图 3-33 所示的直线 2，完成约束
```

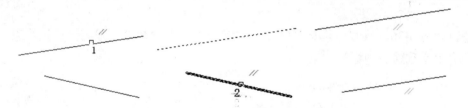

图 3-33　创建平行几何约束

3.4.2 自动约束

所谓自动约束就是根据对象相对于彼此的方向将几何约束应用于对象的选择集。选择"参数" | "自动约束"命令，命令行提示如下：

```
命令：_AutoConstrain
选择对象或 [设置(S)]:s
//输入 s，按下回车键，弹出如图 3-34 所示的"约束设置"对话框，
//用于设置产生自动约束的几何约束类型
选择对象或 [设置(S)]:指定对角点：找到 4 个        //选择如图 3-35 所示的所有直线
选择对象或 [设置(S)]:                            //按下回车键，创建完成 4 个重合几何约束
已将 4 个约束应用于 4 个对象
```

第
3
章

图 3-34　"约束设置"对话框

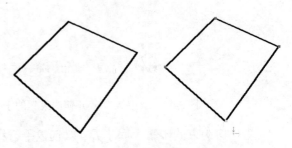

图 3-35　为 4 条直线创建自动约束

3.4.3　标注约束

　　所谓标注约束，实际上就是指尺寸约束，使几何对象之间或对象上的点之间保持指定的距离和角度。将标注约束应用于对象时，会自动创建一个约束变量，以保留约束值。默认情况下，这些名称为指定的名称，例如 d1 或 dia1，但是，用户可以在参数管理器中对其进行重命名。

　　可通过如图 3-36 所示的"参数"|"标注约束"的子菜单命令，或者"标注约束"工具栏上的按钮命令来创建各种标注约束。

⟋ 对齐(A)	
⟇ 水平(H)	
𝕀 竖直(V)	
△ 角度(N)	
⟲ 半径(R)	
⟲ 直径(D)	

图 3-36　"参数"|"标注约束"的子菜单命令和"标注约束"工具栏

　　创建标注约束的步骤大同小异，以创建对齐约束为例来讲解创建方法，选择"参数"|"标注约束"|"对齐"命令，命令行提示如下：

```
命令: _DimConstraint
当前设置: 约束形式 = 动态
选择要转换的关联标注或 [线性(LI)/水平(H)/竖直(V)/对齐(A)/角度(AN)/半径(R)/直径(D)
/形式(F)] <对齐>:_Aligned    //以创建的自动约束的直线为例创建对齐标注约束
指定第一个约束点或 [对象(O)/点和直线(P)/两条直线(2L)] <对象>://拾取图 3-37 中的点 1
指定第二个约束点:                              //拾取图 3-37 中的点 2
指定尺寸线位置:          //指定图 3-37 所示的尺寸线位置
标注文字 = 55.83        //显示直线的实际长度，用户此时可以输入目标长度，如图 3-37 所示
```

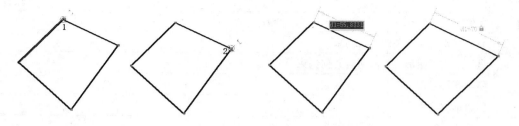

图 3-37　创建对齐标注约束

需要注意的是，如果更改尺寸，可直接双击标注值，使标注值处于可编辑状态，之后输入新的数值即可。

3.4.4　编辑约束

用户在创建了几何约束和标注约束之后，可以通过快捷菜单和"参数化"工具栏中的相关按钮对创建的约束进行编辑。

1．几何约束编辑

当创建几何约束后，会显示几何约束图标，单击鼠标右键，将弹出如图 3-38 所示的快捷菜单，通过快捷菜单可以删除已经创建的约束。

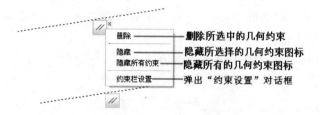

图 3-38　快捷菜单

2．"参数化"工具栏的使用

用户通过如图 3-39 所示的"参数化"工具栏可以创建各种约束，并对约束进行相关的操作，表 3-2 显示了工具栏中各按钮的功能。

图 3-39　"参数化"工具栏

表 3-2　"参数化"工具栏中的按钮功能

按钮	功能
↓□	创建几何约束
♂	创建自动约束

（续表）

按钮	功能
	显示选定对象相关的几何约束
	显示应用于图形对象的所有几何约束
	隐藏图形对象中的所有几何约束
	创建标注约束
	显示图形对象中的所有标注约束
	隐藏图形对象中的所有标注约束
	删除选定对象上的所有约束
	打开"约束设置"对话框
f_x	打开参数管理器

NO.3.5
习题

一、填空题

（1）在创建图案填充时，要进行孤岛检测，孤岛检测分为_____、_____和_____3种。

（2）在"块定义"对话框中，取消_____复选框后，则创建的图块不可分解。

（3）在"属性定义"对话框中，_____复选框表示属性值是一个常量；_____复选框用于指定属性值是否可以包含多行文字。

（4）块编写选项板中包含用于创建动态块的工具，它包含_____、_____、_____和_____4个选项卡。

（5）用户可以通过_____和_____两个命令创建面域。

二、选择题

（1）在定义块时，"定义块"对话框的"设置"选项组中的"块单位"下拉列表用于设置创建块的单位，如果要一个图形单位代表一个厘米，则应选择_____。

    A．毫米   B．厘米   C．米   D．英寸

（2）_____命令可以对块属性值进行编辑修改。

    A．ATTDEF   B．Bedit   C．ATTEDIT   D．hatchedit

（3）进行图案填充时，按照如图3-40所示拾取填充点，_____表示采用了外部孤岛检测。

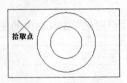

图3-40

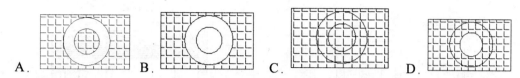

（4）使用"边界"命令创建面域，在如图 3-41 所示的区域拾取一点，则能创建___个面域。

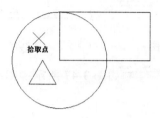

图 3-41

　　A．1　　　　　　　　B．2　　　　　　　　C．3　　　　　　　　D．4

（5）对于图 3-42 中的直线 1 和直线 2，不可以使用以下的_____几何约束。

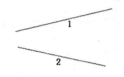

图 3-42

　　A．　　　　　　　　B．　　　　　　　　C．　　　　　　　　D．

三、上机题

（1）为如图 3-43 所示的图形创建如图 3-44 所示的填充图案。

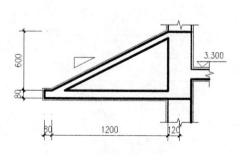

图 3-43　未创建填充图案前的详图

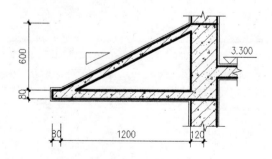

图 3-44　创建填充图案的详图

（2）为图 3-44 所示的立面图创建如图 3-45 所示的填充图案。

图 3-45　未创建填充图案的立面图

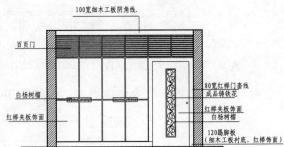

图 3-46　创建填充图案的立面图

（3）使用几何约束和尺寸约束绘制如图 3-47 所示的图形。

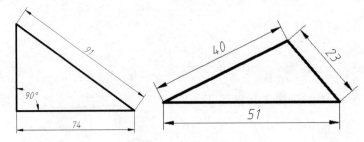

图 3-47　使用约束绘制的图形

第 **4** 章

装饰装潢制图中的文字和尺寸创建技术

对于任何一款制图软件而言，图形都是一种最直接的表达手段，而文字和尺寸是重要的补充表达手段。对图纸而言，文字提供了解释和说明，尺寸提供了图形文件的度量信息。对于装饰装潢制图来说，各种装饰装潢施工说明、各种构件以及房屋尺寸都是装饰装潢施工图的一部分。

本章将要介绍创建文字和尺寸标注的方法和装饰装潢制图中各种绘图规范及创建符合绘图规范的样板图和各种装饰装潢说明。

NO.4.1
创建文字

在 AutoCAD 2010 中，文字样式的创建、单行文字/多行文字的创建除了可以使用如图 4-1 所示的"文字"工具栏中的按钮外，创建文字还可以执行如图 4-2 所示的"绘图"|"文字"子菜单，编辑文字可以执行如图 4-3 所示的"修改"|"对象"|"文字"子菜单。

图 4-1　"文字"工具栏

图 4-2　"绘图"|"文字"子菜单

图 4-3　"修改"|"对象"|"文字"子菜单

4.1.1　创建文字样式

用户在 AutoCAD 中输入文字的时候，需要先设定文字的样式。用户首先要将输入文字的各种参数设置好，定义为一种样式，用户在输入文字的时候，文字就使用这种样式设定的参数。

选择"格式"|"文字样式"命令或者单击"文字"工具栏中的"文字样式"按钮，弹出如图 4-4 所示的"文字样式"对话框，在对话框中可以设置字体文件、字体大小、宽度系数等参数。

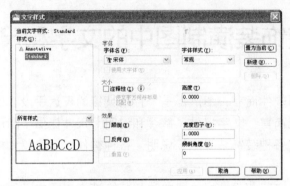

图 4-4 "文字样式"对话框

在设置"字体"选项组的参数时，是否选择"使用大字体"复选框，参数设置是不一样的。

对于 AutoCAD 来说，字体显示有两种方法，一种是使用 truetype 字体，就是系统字体，另一种是使用 CAD 的 shx 字体，这两种办法都可以显示汉字。

使用第一种办法，在更改字体样式时，不选择"使用大字体"复选框，如果是英文字体，既可以使用 shx 字体，也可以使用 truetype 字体，如果有汉字，就必须使用 truetype 字体，truetype 字体显示比较慢，但比较规矩，字库比较全。

shx 字体有两类，一类是仅包含英文字体或西文符号的，另一类是汉字等字体的。

更直白地说，如果不选择"使用大字体"复选框，要同时显示英文和汉字，则必须使用 truetype 字体，如果仅是字母和数字，或者仅是汉字，则可以选择相应的 shx 字体；如果选择"使用大字体"复选框，则在"shx 字体"下拉列表中选择包含英文和西文符号的字体文件，在"大字体"下拉列表中选择显示汉字的字体文件。

4.1.2 创建单行文字

通俗地讲，单行文字就是一行文字，该功能仅可以创建一行文字。选择"绘图"|"文字"|"单行文字"命令或者单击"文字"工具栏中的"单行文字"按钮，命令行提示如下：

```
命令: _dtext
当前文字样式: "Standard"  文字高度: 90.0000  注释性:  否//该行为系统的提示行，告
//诉读者当前使用的文字样式和当前的文字高度，当前文字是否有注释性，如果在下面的命令行里不
//对文字样式、文字高度进行设置，则创建的文字使用系统提示行里显示的参数
指定文字的起点或 [对正(J)/样式(S)]:              //指定文字的起点或设置其他的选项参数
指定高度 <2.5000>:                              //输入文字的高度
指定文字的旋转角度 <0>:                          //输入文字的旋转角度
```

在命令行提示下，指定文字的起点和设置文字高度和旋转角度后，在绘图区出现如图 4-5

所示的单行文字动态输入框，其中包含一个高度为文字高度的边框，该边框随用户的输入而展开，输入完后按两次回车键即可完成输入。

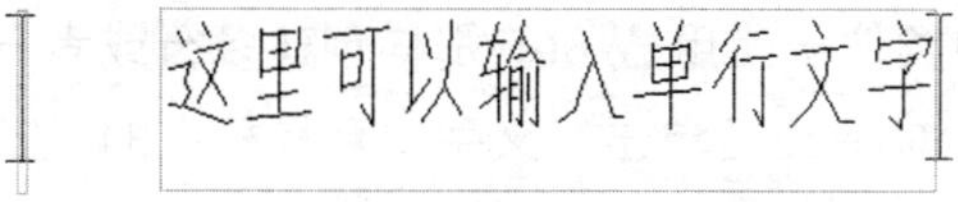

这里可以输入单行文字

图 4-5　单行文字动态输入框

在单行文字的命令行提示中包括"指定文字的起点"、"对正"和"样式"3 个选项，其中"对正"选项用来设置文字插入点与文字的相对位置；"样式(S)"选项用于设置要采用的文字样式。

在使用单行文字功能进行文字输入的时候，经常会碰到使用键盘不能输入的特殊的符号，这个时候有两种方式可帮助用户实现输入，一种是使用如表 4-1 所示的特殊字符来代替输入。

表 4-1　特殊符号的代码及含义

字符输入	代表字符	说明
%%%	%	百分号
%%c	Φ	直径符号
%%p	±	正负公差符号
%%d	°	度
%%o	¯	上划线
%%u	_	下划线

另外一种方式是使用输入法的软键盘来实现输入，以笔者所使用的紫光拼音法为例，左键单击按钮🖮，在弹出的菜单中选择"软键盘"命令，则弹出如图 4-6 所示的相应的子菜单，不同的子菜单对应相应的软键盘，用户想要输入哪种符号就打开相应的软键盘，譬如要输入数字符号，可以打开"数字序号"软键盘，效果如图 4-7 所示，单击软键盘上相应的符号即可实现输入。

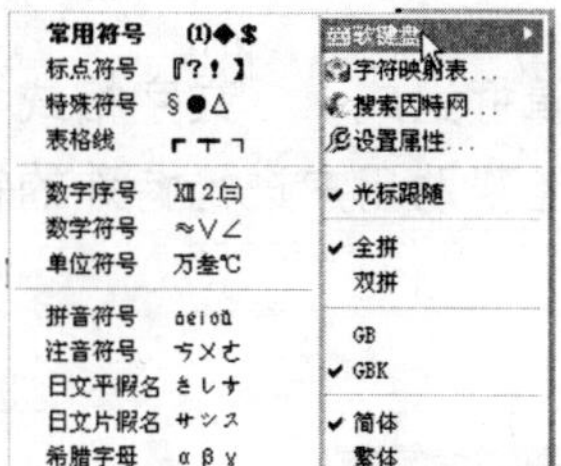

图 4-6　软键盘子菜单　　　　　图 4-7　"数字序号"软键盘

第 4 章

4.1.3　创建多行文字

多行文字可以帮助用户类似于使用 Word 那样创建多行或者一段一段的文字。选择″绘图″|″文字″|″多行文字″命令或者单击″文字″工具栏中的″多行文字″按钮 **A**，命令行提示如下：

```
命令：_mtext
当前文字样式："Standard" 文字高度：90 注释性：否//该行为系统的提示行，告诉读者当
//前使用的文字样式、当前的文字高度、当前文字是否有注释性，如果在下面的命令行里不对文字样
//式、文字高度进行设置，则创建的文字使用系统提示行里显示的参数
指定第一角点：                                    //指定多行文字输入区的第一个角点
指定对角点或 [高度(H)/对正(J)/行距(L)/旋转(R)/样式(S)/宽度(W)/栏(C)]：
                                                //系统给出 7 个选项
```

命令行提示中除″栏″选项外，还有 7 个选项，分别为″指定对角点″、″高度″、″对正″、″行距″、″旋转″、″样式″和″宽度″，具体的使用方法与将要讲解的″文字样式″工具栏上的功能类似，这里不再赘述。

设置好以上选项后，系统提示″指定对角点:″，此选项用来确定标注文字框的另一个对角点，用户可以在两个对角点形成的矩形区域中创建多行文字，矩形区域的宽度就是所标注文字的宽度。

指定完对角点后，弹出如图 4-8 所示的多行文字编辑器，可以在这里输入文字，设置多行文字的大小、字体、颜色、对齐样式、项目符号、缩进、字旋转角度、字间距、缩进和制表位等。

图 4-8　多行文字编辑器

多行文字编辑器由″文字格式″工具栏和多行文字编辑框组成，″文字格式″工具栏中提供了一系列对文字、段落等进行编辑和修改的功能，并能帮助用户进行特殊的输入，各功能区如图 4-9 所示。

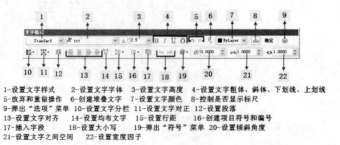

图 4-9　″文字格式″工具栏

在编辑框中单击鼠标右键，弹出如图 4-10 所示的快捷菜单，在该快捷菜单中选择某个命令可对多行文字进行相应的设置。在多行文字中，系统专门提供了"符号"级联菜单 ，以供用户选择特殊符号的输入方法，如图 4-11 所示。

图 4-10　快捷菜单　　　　　　　　　图 4-11　"符号"级联菜单

4.1.4　编辑文字

最简单的文字编辑方法就是双击需要编辑的文字，双击单行文字之后，变成如图 4-12 所示的图形，可以直接对单行文字进行编辑。双击多行文字之后，弹出多行文字编辑器对文字进行编辑。

门窗表

图 4-12　编辑单行文字

当然，也可以选择"修改"|"对象"|"文字"|"编辑"命令，对单行和多行文字进行类似双击情况下的编辑。

选择单行或多行文字之后，单击鼠标右键，在弹出的快捷菜单中选择"特性"命令，弹出如图 4-13 所示的"特性"浮动窗口，可以在"内容"文本框中修改文字内容。

图 4-13　"特性"浮动窗口

NO.4.2
创建表格

在装饰装潢制图中，通常会出现门窗表、图纸目录表、材料做法表等各种各样的表，用户除了使用直线绘制表格之外，还可以使用 AutoCAD 提供的表格功能完成这些表格的绘制。

4.2.1 创建表格样式

表格的外观由表格样式控制。可以使用默认表格样式 Standard，也可以创建自己的表格样式。选择"格式"|"表格样式"命令，弹出"表格样式"对话框，如图 4-14 所示。对话框中的"样式"列表框中显示了已创建的表格样式。

在默认状态下，表格样式中仅有 Standard 一种样式：第一行是标题行，由文字居中的合并单元行组成；第二行是列标题行，其他行都是数据行。用户设置表格样式时，可以指定标题、列标题和数据行的格式。

单击"新建"按钮，弹出"创建新的表格样式"对话框，如图 4-15 所示。

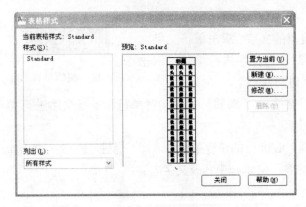

图 4-14　"表格样式"对话框　　　图 4-15　"创建新的表格样式"对话框

在"新样式名"文本框中可以输入新的样式名称，在"基础样式"下拉列表中选择一个表格样式，为新的表格样式提供默认设置，单击"继续"按钮，弹出"新建表格样式"对话框，如图 4-16 所示。

- "起始表格"选项组：该选项组用于在绘图区指定一个表格用做样例来设置新表格样式的格式。单击选择表格按钮，返回到绘图区选择表格后，可以指定要从该表格复制到表格样式的结构和内容。
- "常规"选项组：该选项组用于更改表格方向，系统提供了"向下"和"向上"两个选项，"向下"表示标题栏在上方，"向上"表示标题栏在下方。

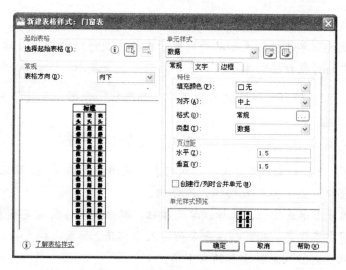

图 4-16　"新建表格样式"对话框

- "单元样式"选项组：该选项组用于创建新的单元样式，并对单元样式的参数进行设置，系统默认有数据、标题和表头 3 种单元样式，不可重命名，不可删除。在"单元样式"下拉列表中选择一种单元样式作为当前单元样式，即可在下方的"常规"、"文字"和"边框"选项卡里对参数进行设置。要创建新的单元样式，可以单击"创建新单元样式"按钮和"管理单元样式"按钮进行相应的操作。

4.2.2　插入表格

选择"绘图"|"表格"命令，弹出"插入表格"对话框，如图 4-17 所示。

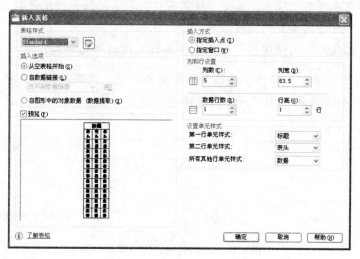

图 4-17　"插入表格"对话框

系统提供了如下 3 种创建表格的方式。

- "从空表格开始"单选按钮表示创建可以手动填充数据的空表格。
- "自数据链接"单选按钮表示从外部电子表格中获得数据创建表格。
- "自图形中的对象数据"单选按钮表示启动"数据提取"向导来创建表格。

系统默认以"从空表格开始"方式创建表格，当选择"自数据链接"方式时，右侧参数均不可设置，变成灰色。

当使用"从空表格开始"方式创建表格时，参数含义如下所示。

- "表格样式"下拉列表：指定将要插入的表格采用的表格样式，默认样式为 Standard。
- "预览"窗口：显示当前表格样式的样例。
- "指定插入点"单选按钮：选择该单选按钮，则插入表时需指定表左上角的位置。用户可以使用定点设备，也可以在命令行输入坐标值。如果表样式将表的方向设置为由下而上读取，则插入点位于表的左下角。
- "指定窗口"单选按钮：选择该单选按钮，则插入表时，需指定表的大小和位置。选定此单选按钮时，行数、列数、列宽和行高取决于窗口的大小以及列和行的设置。
- "列数"文本框：指定列数。选定"指定窗口"单选按钮并指定列宽时，则选定了"自动"选项，且列数由表的宽度控制。
- "列宽"文本框：指定列的宽度。选定"指定窗口"单选按钮并指定列数时，则选定了"自动"选项，且列宽由表的宽度控制。最小列宽为一个字符。
- "数据行数"文本框：指定行数。选定"指定窗口"单选按钮并指定行高时，则选定了"自动"选项，且行数由表的高度控制。带有标题行和表头行的表样式最少应有三行。最小行高为一行。
- "行高"文本框：按照文字行高指定表的行高。文字行高基于文字高度和单元边距，这两项均在表样式中设置。选定"指定窗口"单选按钮并指定行数时，则选定了"自动"选项，且行高由表的高度控制。
- "设置单元样式"选项组用于设置表格各行采用的单元样式。

参数设置完成后，单击"确定"按钮，即可插入表格。选择表格，表格的边框线将会出现很多夹点，如图 4-18 所示，用户可以通过这些夹点进行调整。

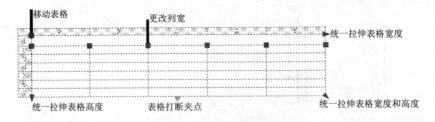

图 4-18 表格的夹点编辑模式

AutoCAD 提供了最新的单元格编辑功能，当用户选择一个或者多个单元格时，弹出如图 4-19 所示的"表格"工具栏，"表格"工具栏中提供了对单元格进行处理的各种工具。

图 4-19　"表格"工具栏

对于单个单元格而言，直接选择即可进入单元格的编辑状态，对于多单元格而言，必须首先拾取最左上单元格中的一点，按住鼠标不放，拖动到最右下的单元格中，这样才能选中多个连续单元格。

在创建完表格之后，用户除了可以使用多行文字编辑器、"表格"工具栏、夹点功能对表格和表格中的单元格进行编辑外，推荐使用"特性"选项板对表格和表格中的单元格进行编辑，因为在"特性"选项板中，几乎可以设置表格和表格中单元格的所有参数。

NO.4.3
创建标注

尺寸标注是工程制图中重要的表达方式，利用 AutoCAD 的尺寸标注命令，可以方便快速地标注图纸中各种方向、形式的尺寸。

标注具有以下元素：标注文字、尺寸线、箭头和延伸线，对于圆标注还有中心标记和中心线。

- 标注文字是用于指示测量值的字符串。文字可以包含前缀、后缀和公差。
- 尺寸线用于指示标注的方向和范围。对于角度标注，尺寸线是一段圆弧。
- 箭头，也称为终止符号，显示在尺寸线的两端。可以为箭头或标记指定不同的尺寸和形状。
- 延伸线，也称投影线或尺寸界线，从部件延伸到尺寸线。
- 中心标记是标记圆或圆弧中心的小十字。
- 中心线是标记圆或圆弧中心的虚线。

在"标注"菜单中选择合适的命令，或者单击如图 4-20 所示的"标注"工具栏中的某个按钮可以进行相应的尺寸标注。

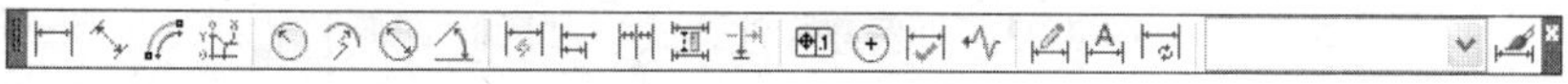

图 4-20　"标注"工具栏

4.3.1　创建标注样式

尺寸标注样式用于控制尺寸变量，包括尺寸线、标注文字、尺寸文本相对于尺寸线的位置、延伸线、箭头的外观及方式、尺寸公差、替换单位等。

选择"格式"|"标注样式"命令，弹出如图 4-21 所示的"标注样式管理器"对话框，在该对话框中可以创建和管理尺寸标注样式。

在"标注样式管理器"对话框中，"当前标注样式"区域显示当前的尺寸标注样式。"样式"列表框显示了已有尺寸的标注样式，选择了该列表中合适的标注样式后，单击"置为当前"按钮，可将该样式置为当前。

单击"新建"按钮，弹出如图 4-22 所示的"创建新标注样式"对话框。在"新样式名"文本框中输入新尺寸的标注样式名称；在"基础样式"下拉列表中选择新尺寸标注样式的基准样式；在"用于"下拉列表中指定新尺寸标注样式的应用范围。

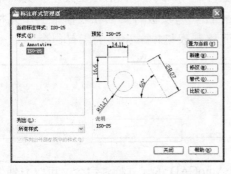

图 4-21　"标注样式管理器"对话框　　　　图 4-22　"创建新标注样式"对话框

单击"继续"按钮关闭"创建新标注样式"对话框，弹出如图 4-23 所示的"新建标注样式"对话框，对话框中有 7 个选项卡，用户可以在各选项卡中设置相应的参数。

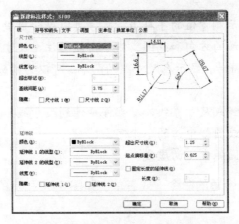

图 4-23　"新建标注样式"对话框

1．"线"选项卡

"线"选项卡由"尺寸线"、"延伸线"两个选项组组成。

（1）"尺寸线"选项组

"尺寸线"选项组中各项的含义如下所示。

- "颜色"下拉列表框用于设置尺寸线的颜色。
- "线型"下拉列表框用于设置尺寸线的线型。
- "线宽"下拉列表框用于设定尺寸线的宽度。
- "超出标记"文本框用于设置尺寸线超过延伸线的距离。
- "基线间距"文本框用于设置使用基线标注时各尺寸线的距离。
- "隐藏"及其复选框用于控制尺寸线的显示。"尺寸线 1"复选框用于控制第 1 条尺寸线的显示,"尺寸线 2"复选框用于控制第 2 条尺寸线的显示。

（2）"延伸线"选项组

"延伸线"选项组中各项的含义如下所示。

- "颜色"下拉列表框用于设置延伸线的颜色。
- "延伸线 1 的线型"和"延伸线 2 的线型"下拉列表框用于设置尺寸线的线型。
- "线宽"下拉列表框用于设定延伸线的宽度。
- "超出尺寸线"文本框用于设置延伸线超过尺寸线的距离。
- "起点偏移量"文本框用于设置延伸线相对于尺寸线起点的偏移距离。
- "隐藏"及其复选框用于设置延伸线的显示。"延伸线 1"用于控制第 1 条延伸线的显示,"延伸线 2"用于控制第 2 条延伸线的显示。
- "固定长度的延伸线"复选框及其"长度"文本框用于设置延伸线从尺寸线开始到标注原点的总长度。

2."符号和箭头"选项卡

"符号和箭头"选项卡用于设置尺寸线端点的箭头以及各种符号的外观形式,如图 4-24 所示。

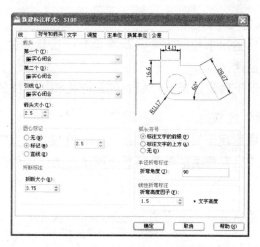

图 4-24　"符号和箭头"选项卡

"符号和箭头"选项卡包括"箭头"、"圆心标记"、"折断标注"、"弧长符号"、"半径折弯标注"和"线性折弯标注"6 个选项组。

（1）"箭头"选项组

"箭头"选项组用于选定表示尺寸线端点的箭头的外观形式。

- "第一个"、"第二个"下拉列表框用于设置标注的箭头形式。
- "引线"下拉列表框中用于设置尺寸线引线部分的形式。
- "箭头大小"文本框用于设置箭头相对其他尺寸标注元素的大小。

（2）"圆心标记"选项组

"圆心标记"选项组用于控制当标注半径和直径尺寸时中心线和中心标记的外观。

- "无"单选按钮用于设置在圆心处不放置中心线和中心标记。
- "标记"单选按钮用于设置在圆心处放置一个与"大小"文本框中的值相同的中心标记。
- "直线"单选按钮用于设置在圆心处放置一个与"大小"文本框中的值相同的中心线标记。
- "大小"文本框用于设置中心标记或中心线的大小。

（3）"折断标注"选项组

使用"标注打断"命令时，"折断标注"选项组用于确定交点处打断的大小。

（4）"弧长符号"选项组

"弧长符号"选项组用于控制弧长标注中圆弧符号的显示。各项含义如下。

- "标注文字的前面"单选按钮：将弧长符号放在标注文字的前面。
- "标注文字的上方"单选按钮：将弧长符号放在标注文字的上方。
- "无"单选按钮：不显示弧长符号。

（5）"半径折弯标注"选项组

"半径折弯标注"选项组用于控制折弯（Z字型）半径标注的显示。折弯半径标注通常在中心点位于页面外部时创建。

"折弯角度"文本框用于确定连接半径标注的延伸线和尺寸线的横向直线角度。

（6）"线性折弯标注"选项组

"线性折弯标注"选项组用于设置折弯高度因子，在使用"折弯线性"命令时，折弯高度因子×文字高度就是形成折弯角度的两个顶点之间的距离，也就是折弯高度。

3．"文字"选项卡

"文字"选项卡由"文字外观"、"文字位置"和"文字对齐"3个选项组组成，如图4-25所示。

图 4-25　"文字"选项卡

（1）"文字外观"选项组

"文字外观"选项组可设置标注文字的格式和大小。

- "文字样式"下拉列表框用于设置标注文字所用的样式，单击后面的按钮，弹出"文字样式"对话框。
- "文字颜色"下拉列表框用于设置标注文字的颜色。
- "填充颜色"下拉列表框用于设置标注中文字背景的颜色。
- "文字高度"文本框用于设置当前标注文字样式的高度。
- "分数高度比例"文本框用于设置分数尺寸文本的相对高度系数。
- "绘制文字边框"复选框用于控制是否在标注文字的四周画一个框。

（2）"文字位置"选项组

"文字位置"选项组用于设置标注文字的位置。

- "垂直"下拉列表框用于设置标注文字沿尺寸线在垂直方向上的对齐方式。
- "水平"下拉列表框用于设置标注文字沿尺寸线和延伸线在水平方向上的对齐方式。
- "从尺寸线偏移"文本框用于设置文字与尺寸线的间距。

（3）"文字对齐"选项组

"文字对齐"选项组用于设置标注文字的方向。

- "水平"单选按钮表示标注文字沿水平线放置。
- "与尺寸线对齐"单选按钮表示标注文字沿尺寸线方向放置。
- "ISO 标准"单选按钮表示当标注文字在延伸线之间时，沿尺寸线的方向放置；当标注文字在延伸线外侧时，则水平放置标注文字。

4．"调整"选项卡

"调整"选项卡用于控制标注文字、箭头、引线和尺寸线的放置，如图 4-26 所示。

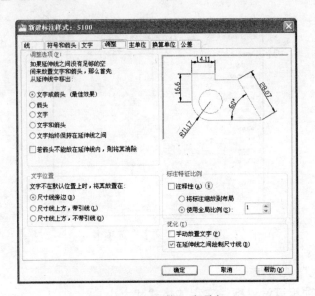

图 4-26　"调整"选项卡

- "调整选项"选项组用于控制基于延伸线之间可用空间的文字和箭头的位置。
- "文字位置"选项组用于设置标注文字从默认位置(由标注样式定义的位置)移动时标注文字的位置。"标注特征比例"选项组用于设置全局标注比例值或图纸空间比例。
- "优化"选项组用于提供放置标注文字的其他选项。

5．"主单位"选项卡

"主单位"选项卡用于设置主单位的格式及精度，同时还可以设置标注文字的前缀和后缀，如图 4-27 所示。

图 4-27　"主单位"选项卡

- "线性标注"选项组中可设置线性标注单位的格式及精度。
- "测量单位比例"选项组用于确定测量时的缩放系数，"比例因子"文本框设置线性标注测量值的比例因子，例如，输入 10，则 1mm 直线的尺寸将显示为 10mm，装饰装潢制图中，绘制 1:100 的图形，比例因子为 1，绘制 1:50 的图形，用于比例因子为 0.5。

- "消零"选项组用于控制是否显示前导 0 或尾数 0。"前导"复选框用于控制是否输出所有十进制标注中的前导零，例如，"0.100"变成".100"。"后续"复选框用于控制是否输出所有十进制标注中的后续零，例如"2.2000"变成"2.2"。

- "角度标注"选项组用于设置角度标注的角度格式，仅用于角度标注命令。

4.3.2　创建尺寸标注

AutoCAD 为用户提供了多种类型的尺寸标注，下面只介绍在装饰装潢制图中常用的标注功能。

1. 线性标注

线性标注可以标注水平尺寸、垂直尺寸和旋转尺寸。选择"标注"菜单中的"线性"命令，或单击"标注"工具栏中的"线性"按钮⊢，命令行提示如下：

```
命令: _dimlinear
指定第一条延伸线原点或 <选择对象>:    //拾取如图 4-28 所示的点 1
指定第二条延伸线原点:                //拾取如图 4-28 所示的点 2
指定尺寸线位置或
[多行文字(M)/文字(T)/角度(A)/水平(H)/垂直(V)/旋转(R)]://拾取如图 4-28 所示的点 3
标注文字 = 20                       //标注效果如图 4-28 所示，同理可以创建尺寸标注 30
```

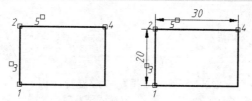

图 4-28　拾取延伸线原点创建线性标注

"水平(H)/垂直(V)/旋转(R)"选项是线性标注特有的选项，"水平(H)"选项用于创建水平线性标注，"垂直(V)"选项用于创建垂直线性标注，这两个选项不常用，一般情况下，用户可以通过移动光标来快速确定是创建水平标注还是垂直标注，如图 4-29 所示，点 1、点 2 分别为延伸线原点，拾取点 3 创建垂直标注，拾取点 4 创建水平标注。

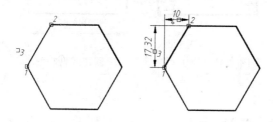

图 4-29　创建垂直、水平标注

"旋转(R)"选项用于创建旋转线性标注，以边长为 20 的正六边形为例，直接使用线性标注是没有办法标注非水平或者垂直的边长度的，但是正六边形的斜边与水平线成 60°角，这就可以用"旋转(R)"选项来标注，命令行提示如下：

```
…                                          //捕捉点 1，2 为延伸线的原点
指定尺寸线位置或
[多行文字(M)/文字(T)/角度(A)/水平(H)/垂直(V)/旋转(R)]：r    //输入 r，标注旋转线性尺寸
指定尺寸线的角度 <0>：60                   //输入旋转角度为 60
…                                          //指定尺寸线位置，效果如图 4-30 所示
```

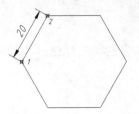

图 4-30　创建旋转线性标注

在线性标注命令行中，"多行文字(M)/文字(T)/角度(A)"是标注常见的 3 个选项，下面将给出详细讲解，其他标注中的使用方式与此一致，不再赘述。

（1）"文字"选项

表示在命令行中自定义标注文字，要包括生成的测量值，可用尖括号（<>）表示生成的测量值，若不包括，则直接输入文字即可，命令行提示如下：

```
命令：_dimlinear
指定第一条延伸线原点或 <选择对象>：                       //拾取如图 4-31 所示的点 1
指定第二条延伸线原点：                                   //拾取如图 4-31 所示的点 2
指定尺寸线位置或
[多行文字(M)/文字(T)/角度(A)/水平(H)/垂直(V)/旋转(R)]：t    //输入 t，使用文字选项
输入标注文字 <30>：矩形长度为<>              //输入要标注的文字，添加 "<>"表示保留测量值
指定尺寸线位置或
[多行文字(M)/文字(T)/角度(A)/水平(H)/垂直(V)/旋转(R)]：      //拾取如图 4-31 所示的点 3
标注文字 = 30                                //最终效果如图 4-31 所示
```

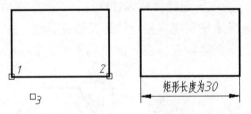

图 4-31　使用"文字"选项创建线性标注

（2）"多行文字"选项

表示在位文字编辑器里输入和编辑标注文字，可以通过文字编辑器为测量值添加前缀或后缀，输入特殊字符或符号，也可以重新输入标注文字，完成后单击"确定"按钮即可，命

令行提示如下：

```
命令: _dimlinear
指定第一条延伸线原点或 <选择对象>:                    //拾取如图 4-32 所示的点 1
指定第二条延伸线原点:                                //拾取如图 4-32 所示的点 2
指定尺寸线位置或
[多行文字(M)/文字(T)/角度(A)/水平(H)/垂直(V)/旋转(R)]: m
              //输入 m, 弹出在位文字编辑器, 按照如图 4-33 所示输入文字, 单击"确定"按钮
指定尺寸线位置或
[多行文字(M)/文字(T)/角度(A)/水平(H)/垂直(V)/旋转(R)]: //拾取如图 4-32 所示的点 3
标注文字 = 30                                      //完成标注, 标注效果如图 4-34 所示
```

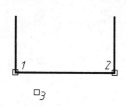

图 4-32　确定延伸线原点

图 4-33　输入文字

图 4-34　多行文字创建线性标注效果

（3）"角度"选项

用于修改标注文字的角度，命令行提示如下：

```
命令: _dimlinear
指定第一条延伸线原点或 <选择对象>:                    //拾取如图 4-35 所示的点 1
指定第二条延伸线原点:                                //拾取如图 4-35 所示的点 2
指定尺寸线位置或
[多行文字(M)/文字(T)/角度(A)/水平(H)/垂直(V)/旋转(R)]: a   //输入 a, 设置文字角度
指定标注文字的角度: -15                              //输入标注文字角度
指定尺寸线位置或
[多行文字(M)/文字(T)/角度(A)/水平(H)/垂直(V)/旋转(R)]: //拾取如图 4-35 所示的点 3
标注文字 = 30                                      //完成标注, 效果如图 4-35 所示
```

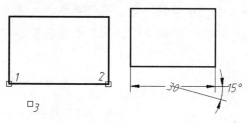

图 4-35　使用"角度"选项创建线性标注

2. 对齐标注

对齐标注可以标注某一条倾斜线段的实际长度。选择"标注"|"对齐"命令，或单击"标注"工具栏中的"对齐"按钮，命令行提示如下：

```
命令: _dimaligned
指定第一条延伸线原点或 <选择对象>:                    //拾取如图 4-36 所示的点 1
```

指定第二条延伸线原点：	//拾取如图4-36所示的点2
指定尺寸线位置或	
[多行文字(M)/文字(T)/角度(A)]：	//拾取如图4-36所示的点3
标注文字 = 20	//完成效果如图4-36所示

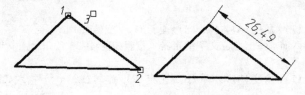

图4-36　创建对齐标注

3. 弧长标注

弧长标注用于测量圆弧或多段线弧线段上的距离。选择"标注"|"弧长"命令，或单击"标注"工具栏中的"弧长"按钮，命令行提示如下：

命令： _dimarc	
选择弧线段或多段线弧线段：	//拾取如图4-37所示的点1，选择圆弧
指定弧长标注位置或 [多行文字(M)/文字(T)/角度(A)/部分(P)/]：	//拾取如图4-37所示的点2
标注文字 = 28.52	//完成标注，效果如图4-37所示

图4-37　创建弧长标注

4. 坐标标注

坐标标注用于测量原点（称为基准）到标注特征（例如部件上的一个孔）的垂直距离。这种标注可保持特征点与基准点的精确偏移量，从而避免增大误差。选择"标注"|"坐标"命令，或单击"标注"工具栏中的"坐标"按钮，命令行提示如下。

命令： _dimordinate	
指定点坐标：	//拾取如图4-38（a）所示的点1
指定引线端点或 [X 基准(X)/Y 基准(Y)/多行文字(M)/文字(T)/角度(A)]： x	
	//输入x，表示创建沿x轴测量距离
指定引线端点或 [X 基准(X)/Y 基准(Y)/多行文字(M)/文字(T)/角度(A)]：	//指定引线端点
标注文字 = 2191.41	
//效果如图4-38（b）所示，按照同样的方法，可以创建y轴基准坐标，效果如图4-38（c）所示	

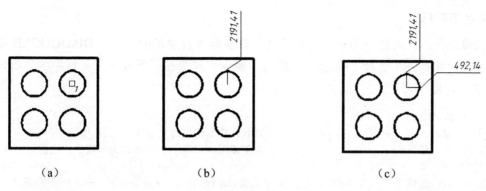

（a）　　　　　　　　　（b）　　　　　　　　　（c）

图 4-38　创建坐标标注

5. 半径和直径标注

半径和直径标注用于测量圆弧和圆的半径和直径，半径标注用于测量圆弧或圆的半径，并显示前面带有字母 R 的标注文字。直径标注用于测量圆弧或圆的直径，并显示前面带有直径符号的标注文字。

选择〝标注〞|〝半径〞命令或者单击〝标注〞工具栏中的〝半径标注〞按钮可执行半径命令。在标注样式中，〝优化〞选项组会影响延伸线，其对比效果如图 4-39 所示。

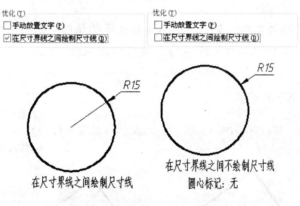

图 4-39　延伸线之间的尺寸线

半径和直径标注的圆心标记由如图 4-40 所示的标注样式中的〝符号和箭头〞选项卡中的〝圆心标记〞选项组设置，图 4-41 演示了使用标记和直线的圆心标记效果。

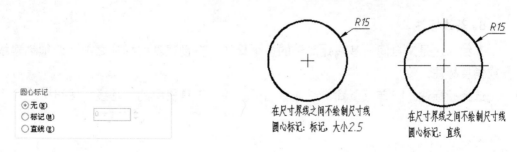

图 4-40　〝圆心标记〞选项组　　　　　图 4-41　使用标记和直线的圆心标记效果

6.半径折弯标注

当圆弧或圆的中心位于布局外并且无法在其实际位置显示时，使用 DIMJOGGED 命令可以创建半径折弯标注，选择"标注"|"折弯"命令，或单击"标注"工具栏中的"折弯"按钮 ，命令行提示如下。

```
命令：_dimjogged
选择圆弧或圆：                    //拾取圆弧上的任意点，选择圆弧
指定图示中心位置：                //拾取如图 4-42 所示的点 1 为标注的中心位置，即原点
标注文字 = 50
指定尺寸线位置或 [多行文字(M)/文字(T)/角度(A)]：    //拾取如图 4-42 所示的点 2
指定折弯位置：                    //拾取如图 4-42 所示的点 3 确定折弯位置
```

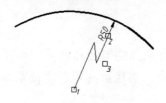

图 4-42　创建半径折弯标注

7. 角度标注

角度标注用来测量两条直线、3 个点之间或者圆弧的角度。选择"标注"|"角度"命令，或单击"标注"工具栏中的"角度"按钮 ，命令行提示如下：

```
命令：_dimangular
选择圆弧、圆、直线或 <指定顶点>：                  //拾取如图 4-43 所示的点 1
选择第二条直线：                                  //拾取如图 4-43 所示的点 2
指定标注弧线位置或 [多行文字(M)/文字(T)/角度(A)/象限点(Q)]：//拾取如图 4-43 所示的点 3
标注文字 = 55                                     //标注效果如图 4-43 所示
```

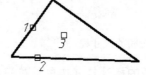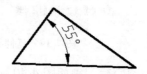

图 4-43　创建两条直线的角度标注

8. 基线标注

基线标注是来自同一基线处测量的多个标注。在创建基线标注之前，必须创建线性、对齐或角度标注。

选择"标注"|"基线"命令，或单击"标注"工具栏中的"基线"按钮 ，命令行提示如下。

```
命令：_dimbaseline
指定第二条延伸线原点或 [放弃(U)/选择(S)] <选择>：s  //输入 s，要求选择基准标注
```

```
选择基准标注：                              //拾取如图 4-44 所示的点 1，选择基准标注
指定第二条延伸线原点或 [放弃(U)/选择(S)] <选择>：     //拾取如图 4-44 所示的点 2
标注文字 = 37.69
指定第二条延伸线原点或 [放弃(U)/选择(S)] <选择>：     //拾取如图 4-44 所示的点 3
标注文字 = 63.97
指定第二条延伸线原点或 [放弃(U)/选择(S)] <选择>：     //按下回车键，完成标注
```

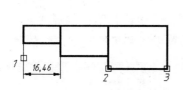 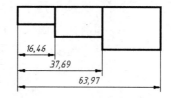

图 4-44　创建基线标注

9. 连续标注

连续标注是首尾相连的多个标注。在创建连续标注之前，必须创建线性、对齐或角度标注。

选择 "标注" | "连续" 命令，或单击 "标注" 工具栏中的 "连续" 按钮 ，命令行提示如下：

```
命令：_dimcontinue
选择连续标注：                              //拾取如图 4-45 所示的点 1，选择连续标注
指定第二条延伸线原点或 [放弃(U)/选择(S)] <选择>：     //拾取如图 4-45 所示的点 2
标注文字 = 21.23
指定第二条延伸线原点或 [放弃(U)/选择(S)] <选择>：     //拾取如图 4-45 所示的点 3
标注文字 = 26.28
指定第二条延伸线原点或 [放弃(U)/选择(S)] <选择>：     //按下回车键，完成标注
```

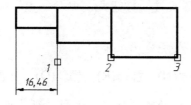 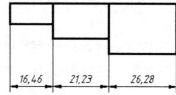

图 4-45　连续标注

10. 引线标注

引线对象是一条线或样条曲线，其一端带有箭头，另一端带有多行文字或其他对象。在某些情况下，由一条短水平线（又称为钩线、折线或着陆线）将文字和特征控制框连接到引线上。在命令行中输入 QLEADER 命令，命令行提示如下：

```
命令：qleader
指定第一个引线点或 [设置(S)] <设置>：          //拾取点 1
指定下一点：                                //拾取点 2
指定下一点：                                //拾取点 3
```

指定文字宽度 <0>：	//按下回车键
输入注释文字的第一行 <多行文字(M)>：引线标注	//输入注释文字
输入注释文字的下一行：	//按下回车键，完成注释文字的输入

引线标注效果如图 4-46 所示。在命令行中输入 s 选项，弹出如图 4-47 所示的"引线设置"对话框。不同的引线设置，使得引线的操作以及创建的对象也不完全相同。"引线设置"对话框有 3 个选项卡，"注释"选项卡用于设置引线的注释类型、指定多行文字选项、是否需要重复使用注释等。"引线和箭头"选项卡用于设置引线和箭头的形式。当引线注释为"多行文字"时，才会出现"附着"选项卡，用于设置引线和多行文字注释的附着位置。

图 4-46　引线标注

图 4-47　"引线设置"对话框

4.3.3　编辑尺寸标注

AutoCAD 提供了 dimedit 和 dimtedit 两个命令对尺寸标注进行编辑。

1. dimedit

选择"标注"|"倾斜"命令，或单击"编辑标注"按钮，命令行提示如下：

```
命令：_dimedit
输入标注编辑类型 [默认(H)/新建(N)/旋转(R)/倾斜(O)] <默认>：
```

此提示中有 4 个选项，分别为默认(H)、新建(N)、旋转(R)、倾斜(O)，各含义如下所示。

- **默认**：此选项将尺寸文本按 DDIM 所定义的默认位置、方向重新放置。
- **新建**：此选项是更新所选尺寸标注的尺寸文本。
- **旋转**：此选项是旋转所选择的尺寸文本。
- **倾斜**：此选项实行倾斜标注，即编辑线性尺寸标注，使其延伸线倾斜一个角度，不再与尺寸线相垂直，常用于标注锥形图形。

2. dimtedit

选择"标注"|"对齐文字"级联菜单下的相应命令，或单击"编辑标注文字"按钮，命令行提示如下：

```
命令：_dimtedit
```

选择标注：　　　　　　　　　　　　　　　　　　//选择需要编辑标注文字的尺寸标注
指定标注文字的新位置或 [左(L)/右(R)/中心(C)/默认(H)/角度(A)]://

此提示有左(L)、右(R)、中心(C)、默认(H)、角度(A)等 5 个选项，各项含义如下。

- 左：此选项的功能是更改尺寸文本沿尺寸线左对齐。
- 右：此选项的功能是更改尺寸文本沿尺寸线右对齐。
- 中心：此选项的功能是更改尺寸文本沿尺寸线中间对齐。
- 默认：此选项的功能是将尺寸文本按 DDIM 所定义的缺省位置、方向重新放置。
- 角度：此选项的功能是旋转所选择的尺寸文本。

NO.4.4
创建样板图

在装饰装潢制图中，设计人员在绘图时都需要严格按照各种制图规范进行绘图，因此对于图框、图幅大小、文字大小、线型和标注类型等，都是有一定限制的。绘制相同或相似类型的装饰装潢图时，各种规定都是一样的。为了节省时间，设计人员就可以创建一个样板图留着以后制图时调用，或直接从系统自带的样板图中选择合适的来使用。

在目录 "安装盘\Documents and Settings\用户名\Local Settings\Application Data\Autodesk\AutoCAD 2010\R18.0\chs\Template" 中("用户名" 为安装软件的计算机的用户名)，为用户提供了各种样板。但是由于提供的样板与国标相差比较大，一般用户可以自己创建装饰装潢图的样板文件。

4.4.1　设置绘图界限

在装饰装潢制图中，大多都在装饰装潢图纸幅面中绘图，也就是说，图框限制了绘图的范围，其绘图界限不能超过这个范围。装饰装潢制图标准与建筑制图标准几乎类似，对于图纸幅面和图框尺寸的规定如表 4-2 所示。

表 4-2　幅面及图框尺寸表

尺寸代号 / 辅面代号	A0	A1	A2	A3	A4
b×1	841×1189	594×841	420×594	297×420	210×297
c	10			5	
a	25				

注：b 表示图框外框的宽度，1 表示图框外框的长度，a 表示装订边与图框内框的距离，c 表示 3 条非装订边与图框内框的距离。具体含义可查阅《房屋建筑制图统一标准》中关于图纸幅面的规定。

在本书中，将要介绍的装饰装潢图形大概需要 A2 的图纸，所以这里以 A2 图纸绘图界限设置为例讲解设置方法。

1 选择"格式"|"绘图界限"命令，命令行提示如下：

```
命令: '_limits
重新设置模型空间界限:
指定左下角点或 [开(ON)/关(OFF)] <0.0000,0.0000>: 0,0//输入左下角点的坐标
指定右上角点 <420.0000,297.0000>: 59400,42000    //输入右上角点的坐标，按下回车键
```

2 选择"视图"|"缩放"|"范围"命令，使得设定的绘图界限在绘图区域内。

4.4.2 绘制图框

图幅由比较简单的线组成，绘制方法比较简单，以下根据表 4-1 中 A2 图纸的尺寸要求进行绘制，创建 A2 图幅和图框，具体的操作步骤如下：

1 在已经创建好的绘图界限内，执行"矩形"命令，绘制 59400×42000 的矩形，第一个角点为（0,0），另外一个角点为（59400,42000）单击"分解"按钮，将矩形分解，效果如图 4-48 所示。

2 执行"偏移"命令，将矩形的上、下、右边向内偏移 1000，效果如图 4-49 所示。

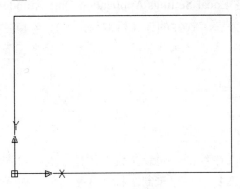

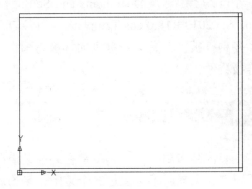

图 4-48 绘制矩形   图 4-49 偏移上、下、右边

3 执行"偏移"命令，将矩形左边向右偏移 2500，并修剪，效果如图 4-50 所示。

4 在绘图区的任意位置绘制 24000×4000 的矩形，执行"分解"命令将矩形分解，效果如图 4-51 所示。

5 使用"偏移"命令，将矩形分解后的上边和左边分别向下和向右偏移，向下偏移的距离为 1000，水平方向见尺寸标注，效果如图 4-52 所示。

6 执行"修剪"命令，修剪步骤 5 偏移生成的直线，效果如图 4-53 所示。

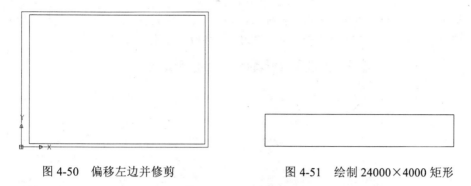

图 4-50　偏移左边并修剪　　　　　　　图 4-51　绘制 24000×4000 矩形

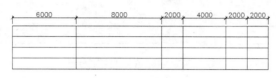

图 4-52　分解偏移

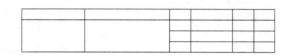

图 4-53　修剪偏移线

4.4.3　添加图框文字

　　装饰装潢制图中对于文字是有严格规定的，在一幅图纸中一般也就几种文字样式，为了使用的方便，制图人员通常预先创建可能会用到的文字样式，再进行命名，并对每种文字样式设置参数，制图人员在制图的时候，直接使用文字样式即可。

　　装饰装潢制图标准规定文字的字高，应从 3.5mm、5mm、7mm、10mm、14mm、20mm系列中选用。如需书写更大的字，其高度应按 $\sqrt{2}$ 的比值递增。图样及说明中的汉字，宜采用长仿宋体，宽度与高度的关系要满足表 4-3 中的规定。

表 4-3　长仿宋体的字高与字宽的关系表

字高	20	14	10	7	5	3.5
字宽	14	10	7	5	3.5	2.5

　　在样板图中创建字体样式 A350、A500、A700 和 A1000，并给图框添加文字，具体的操作步骤如下。

1　选择"格式"|"文字样式"命令，弹出"文字样式"对话框，单击"新建"按钮，弹出"新建文字样式"对话框，设置样式名为 A350，单击"确定"按钮，返回到"文字样式"对话框，在"字体名"下拉列表中选择"仿宋_GB2312"，设置高度为 350，

宽度比例为 0.7，单击"应用"按钮，A350 样式创建完成。按照同样的方法创建 A500、A700、A1000，字高分别为 500、700 和 1000，效果如图 4-54 所示。

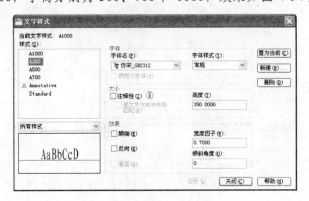

图 4-54　创建 A350 文字样式

2️⃣ 继续在第 4.4.2 小节的基础上绘制图框。使用"直线"命令，绘制如图 4-55 所示的斜向直线辅助线，以便创建文字对象。

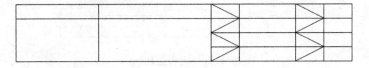

图 4-55　创建辅助直线

3️⃣ 选择"绘图"|"文字"|"单行文字"命令，输入单行文字，命令行提示如下：

```
命令: _dtext
当前文字样式: A1000　当前文字高度: 1000.000
指定文字的起点或 [对正(J)/样式(S)]: s                //输入 s，设置文字样式
输入样式名或 [?] <H1000>: A500               //选择文字样式 A500
当前文字样式: A500　当前文字高度: 500.000//
指定文字的起点或 [对正(J)/样式(S)]: j         //输入 j，指定对正样式
输入选项
[对齐(A)/调整(F)/中心(C)/中间(M)/右(R)/左上(TL)/中上(TC)/右上(TR)/左中(ML)/正
中(MC)/右中(MR)/左下(BL)/中下(BC)/右下(BR)]: mc//输入 mc，表示正中对正
指定文字的中间点:                          //捕捉所在单元格的辅助直线的中点
指定文字的旋转角度 <0>:                     //按下回车键，弹出单行文字动态输入框
```

4️⃣ 在动态输入框中输入文字，"设"和"计"中间插入两个空格，效果如图 4-56 所示。

5️⃣ 使用同样的方法，捕捉步骤 2 创建的直线的中点为文字对正点，输入其他文字，效果如图 4-57 所示。

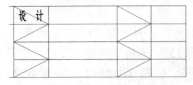

设 计		

设 计		类 别	
校 对		专 业	
审 核		图 号	
审 定		日 期	

图 4-56　输入文字"设计"　　　　　　　图 4-57　仿照"设计"输入其他文字

6 继续执行"单行文字"命令，创建其他文字，文字样式为 A500，文字位置不做严格限制，效果如图 4-58 所示。

设计公司	工程名称	设 计		类 别	
公司图标	图名	校 对		专 业	
		审 核		图 号	
		审 定		日 期	

图 4-58　输入位置不做严格要求的文字

7 执行"移动"命令，选择如图 4-58 所示的标题栏的全部图形和文字，指定基点为标题栏的右下角点，插入点为图框的右下角点，移动到图框中的效果如图 4-59 所示。

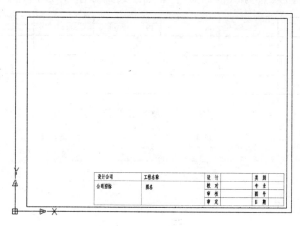

图 4-59　移动标题栏到图框中

8 执行"矩形"命令绘制 20000×2000 的矩形，并将矩形分解。

9 将分解后的矩形的上边依次向下偏移 500，左边依次向右偏移 2500，效果如图 4-60 所示。

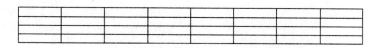

图 4-60　创建会签栏图形

10 采用步骤 2 的方法，绘制斜向直线构造辅助线。

11 执行"单行文字"命令，输入单行文字，对正方式为 mc，文字样式为 A350，文字的插入点为斜向直线的中点，其中"建筑"、"结构"、"电气"、"暖通"文字中间为 4 个空格，"给排水"文字的每个字之间有一个空格，效果如图 4-61 所示。

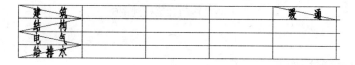

图 4-61　创建会签栏文字

🔢 删除步骤 10 创建的斜向构造辅助线。执行"旋转"命令，命令行提示如下：

```
命令: _rotate
UCS 当前的正角方向: ANGDIR=逆时针  ANGBASE=0
选择对象：指定对角点：找到 19 个            //选择会签栏的图形和文字
选择对象：                                //按下回车键，完成选择
指定基点：                                //指定会签栏的右下角点为基点
指定旋转角度，或 [复制(C)/参照(R)] <0>：90
                             //输入旋转角度，按下回车键，完成旋转，效果如图 4-62 所示
```

🔢 执行"移动"命令，移动对象为如图 4-62 所示的会签栏图形和对象，基点为会签栏的右上角点，插入点为图框的左上角点，效果如图 4-63 所示。

建　筑			暖　通			
结　构						
电　气						
给 排 水						

图 4-62　旋转会签栏

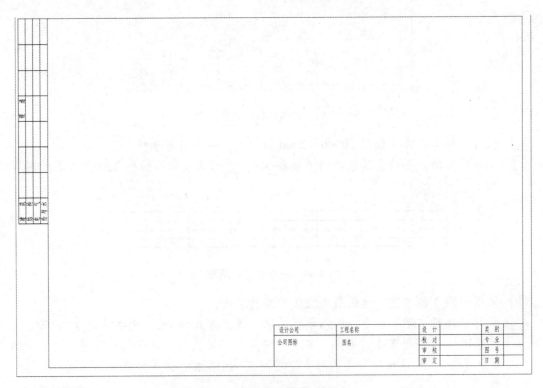

图 4-63　移动会签栏到图框

4.4.4　创建尺寸标注样式

《房屋建筑制图统一标准》GB-T 50001-2001 中对建筑制图中的尺寸标注有着详细的规

定，装饰装潢制图采用同样的规定。

尺寸界线应用细实线绘制，一般应与被注长度垂直，其一端应离开图样轮廓线不小于 2mm，另一端宜超出尺寸线 2～3mm。图样轮廓线可用做尺寸界线，如图 4-64 所示。

尺寸线应用细实线绘制，与被注长度平行。图样本身的任何图线均不得用做尺寸线，因此尺寸线应调整好位置，避免与图线重合。

尺寸起止符号一般用中粗斜短线绘制，其倾斜方向应与尺寸界线成顺时针 45°角，长度宜为 2～3mm。半径、直径、角度与弧长的尺寸起止符号，宜用箭头表示，如图 4-65 所示。

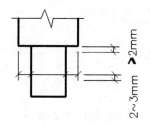

图 4-64　尺寸界线

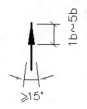

图 4-65　尺寸起止符号

本书会涉及到 1:100、1:50 和 1:25 共 3 种绘图比例，因此需要创建 3 种标注样式，分别命名为 S1-100、S1-50 和 S1-25，具体操作步骤如下。

1. 选择"格式"|"标注样式"命令，弹出"标注样式管理器"对话框，单击"新建"按钮，弹出"创建新标注样式"对话框，设置新样式名为 S1-100。

2. 单击"继续"按钮，弹出"新建标注样式"对话框，对"线"、"符号和箭头"、"文字"和"主单位"等选项卡的参数分别进行设置，"线"选项卡的设置如图 4-66 所示。

3. 选择"符号和箭头"选项卡，设置箭头为"建筑标记"，箭头大小为 2.5，设置如图 4-67 所示。

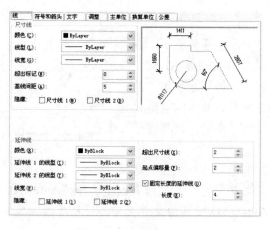

图 4-66　设置线

图 4-67　设置符号和箭头

4. 选择"文字"选项卡，单击"文字样式"下拉列表框后的[…]按钮，弹出"文字样式"对话框，创建新的文字样式 A250，设置如图 4-68 所示。

5 在"文字样式"下拉列表中选择 A250 文字样式，其他设置如图 4-69 所示。

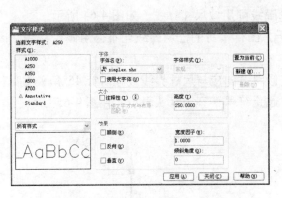

图 4-68　创建标注文字样式 A250

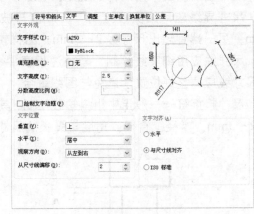

图 4-69　设置文字

6 选择"调整"选项卡，设置全局比例为 100，其他设置如图 4-70 所示。

7 选择"主单位"选项卡，设置单位格式为"小数"，精度为 0，其他设置如图 4-71 所示。

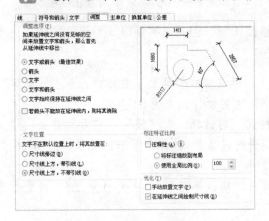

图 4-70　设置全局比例

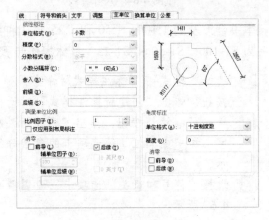

图 4-71　设置主单位

8 设置完毕后，单击"确定"按钮，完成标注样式 S1-100 的创建。重复以上步骤，创建标注样式 S1-50。以 S1-100 为基础样式创建 S1-50，仅在"主单位"选项卡的"测量单位比例"选项组中的"比例因子"上有区别，如图 4-72 所示设置 S1-50 的比例因子为 0.5。同样，创建 S1-25 标注样式，比例因子为 0.25。

图 4-72　设置比例因子

9 当各种设置完成之后，就需要把图形保存为样板图。选择"文件"|"另存为"命令，弹出"图形另存为"对话框，在"文件类型"下拉列表框中选择"AutoCAD 图形样板"选项，可以把样板图保存在 AutoCAD 默认的文件夹中，设置样板图的文件名为 A2，如图 4-73 所示。

图 4-73　保存样板图

10 单击"确定"按钮，弹出"样板说明"对话框，在"说明"栏中输入样板图的说明
文字，单击"确定"按钮，即可完成样板图文件的创建。

4.4.5　调用样板图

选择"文件"|"新建"命令，弹出"选择文件"对话框，在 AutoCAD 默认的样板文件
夹中可以看到定义的 A2 样板图，如图 4-74 所示。选择 A2 样板图，单击"确定"按钮，即
可将其打开。用户可以在样板图中绘制具体的装饰装潢图，然后另存为图形文件。

图 4-74　调用样板图

NO.4.5
创建文字说明

装饰装潢的施工说明中包括大量的文字内容和以表格表现的内容。施工设计说明的绘制
比较灵活，不同的绘图人员有不同的设计方法。本节将对这些内容的创建方法给予介绍。

4.5.1 创建装饰装潢制图总说明

使用单行文字、多行文字均可以创建装饰装潢的施工说明，对于少量的文字，可以使用单行文字创建，对于大量的文字，建议用户使用多行文字创建，或者在 Word 中输入完文字后，复制到多行文字中。

下面使用多行文字方法绘制如图 4-75 所示的建筑施工图设计说明，一般来讲，装饰装潢图纸均是在建筑图纸的基础上进行绘制，下面通过建筑图纸中的说明来演示文字的使用。

其中，"建筑施工图设计说明"字高 1000，"一、建筑设计"字高 500，其余文字字高 350，本例在第 4.4 节创建的样板图中进行绘制，具体操作步骤如下。

图 4-75　建筑施工图设计说明效果

1 选择"绘图"|"文字"|"多行文字"命令，打开多行文字编辑器。

2 在"文字样式"下拉列表框中选择文字样式 A350，在文字输入区中输入总说明的文字，效果如图 4-76 所示。

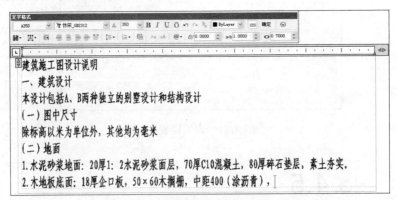

图 4-76　输入建筑施工图的说明文字

3 在输入的文字后需要输入直径符号，单击"选项"按钮@▾，在弹出的下拉菜单中选择"符号"|"直径"命令，如图 4-77 所示，完成直径符号的输入。

4 继续输入文字，这里需要输入"@"符号，单击"选项"按钮@▾，在弹出的下拉菜单中选择"符号"|"其他"命令，弹出"字符映射表"对话框，如图 4-78 所示，选

择@符号，单击"选择"按钮，再单击"复制"按钮，就可以复制到文字编辑区中。

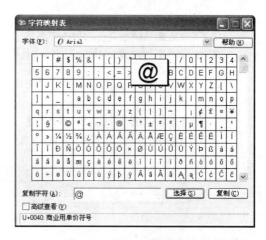

图 4-77　输入直径符号　　　　　　　　　图 4-78　输入@符号

5　文字输入完成后的效果如图 4-79 所示。

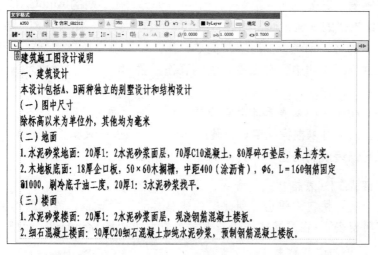

图 4-79　输入文字效果

6　选择文字"建筑施工图设计说明"，设置字高为 1000，效果如图 4-80 所示。

图 4-80　设置"建筑施工图设计说明"的字高

7　使用同样的方法，设置"一、建筑设计"的字高为 500。

8　如图 4-81 所示，步骤 3 和 4 输入的字符均不能正确显示，这是由于"仿宋_GB2312"

字符库中没有这两个字符，分别选中这两个字符，在"字体"下拉列表框中选择"宋体"，字符正常显示后的效果如图4-82所示。

> 2.木地板底面：18厚企口板，50×60木搁栅，中距400（涂沥青），⊡，L＝160钢筋固定@1000，刷冷底子油二度，20厚1：3水泥砂浆找平。

图4-81　字符的非正常显示

> 2.木地板底面：18厚企口板，50×60木搁栅，中距400（涂沥青），∅6，L＝160钢筋固定@1000，刷冷底子油二度，20厚1：3水泥砂浆找平。

图4-82　字符的正常显示

9 单击"确定"按钮，完成施工说明的创建。

4.5.2　绘制各种表格

表格也是装饰装潢制图中非常重要的一个组成部分，在早期的AutoCAD版本中，由于功能还不完善，因此表格的创建也通常通过直线和单行文字完成，比较繁琐，随着AutoCAD的不断升级和完善，表格的创建也变得非常简单，用户可以随心所欲地创建各种装饰装潢制图表格。在装饰装潢施工说明中，存在着大量的表格，譬如门窗表、材料表等。本节通过门窗表的创建介绍表格的制作。

在装饰装潢制图中，门窗表是非常常见的一种表格，通常标明了门窗的型号、数量、尺寸、材料等。施工人员可以根据门窗表布置生产任务，并进行采购。如图4-83所示是使用表格功能创建的某装饰装潢的门窗表，具体的操作步骤如下。

1 选择"格式"|"表格样式"命令，弹出"表格样式"对话框。

2 单击"新建"按钮，弹出"创建新的表格样式"对话框，在"新样式名"文本框中输入"门窗表"，在"基础样式"下拉列表框中选择Standard，如图4-84所示。

门窗数量表

门窗型号	宽×高	数量					备注
		地下一层	一层	二层	三层	总数	
C1212	1200×1200	0	2	0	0	2	铝合金窗
C2112	2100×1200	0	2	0	0	2	铝合金窗
C1516	1500×1600	0	0	1	1	2	铝合金窗
C1816	1800×1600	0	0	1	1	2	铝合金窗
C2119	2100×1900	8	6	0	0	14	铝合金窗
C2116	2100×1600	0	0	11	11	22	铝合金窗

图4-83　门窗数量表效果　　　　　　图4-84　"创建新的表格样式"对话框

3 单击"继续"按钮，弹出"新建表格样式"对话框，设置表格样式。"数据"和"表头"单元样式的参数设置如图4-85所示，在设置"标题"单元样式时，"常规"选项卡的设置与"数据"单元样式相同，"文字"选项卡的设置如图4-86所示。

图 4-85 设置"数据"和"表头"单元样式参数　　　图 4-86 设置"标题"单元样式的参数

4 其他表格样式不做改变，单击"确定"按钮，完成表格样式的设置，返回到"表格样式"对话框，"样式"列表中出现"门窗表"样式，单击"关闭"按钮完成创建。

5 选择"绘图"|"表格"命令，弹出"插入表格"对话框，选择表格样式的名称为"门窗表"，列数为 8，行数为 7，设置"第二行单元样式"为"数据"，如图 4-87 所示。

图 4-87 设置表格参数

6 单击"确定"按钮，进入表格编辑器，输入表格标题"门窗数量表"，如图 4-88 所示。

图 4-88 输入门窗表标题

7 单击"文字格式"工具栏中的"确定"按钮，返回到绘图区。右击需要合并的单元格，从弹出的快捷菜单中选择"合并单元"|"按列"命令和"合并单元"|"按行"

命令合并单元格，效果如图 4-89 所示。

8 双击表格，进入表格编辑器，输入单元格文字，效果如图 4-90 所示。

图 4-89　合并单元格

图 4-90　输入单元格文字

9 使用单元格的"特性"浮动选项板对单元格的高度和宽度进行调整，调整效果如图 4-91 所示，各单元格的尺寸如图 4-92 所示。

门窗型号	宽×高	数量					备注
		地下一层	一层	二层	三层	总数	
C1212	1200×1200	0	2	0	0	2	铝合金窗
C2112	2100×1200	0	2	0	0	2	铝合金窗
C1516	1500×1600	0	0	1	1	2	铝合金窗
C1816	1800×1600	0	0	1	1	2	铝合金窗
C2119	2100×1900	8	6	0	0	14	铝合金窗
C2116	2100×1600	0	0	11	11	22	铝合金窗

图 4-91　调整高度和宽度后的门窗表

图 4-92　门窗表单元格尺寸

10 选中门窗表，在"修改"工具栏中单击"分解"按钮，将表格分解，删除标题部分的直线，效果如图 4-93 所示。

门窗数量表

门窗型号	宽×高	数量					备注
		地下一层	一层	二层	三层	总数	
C1212	1200×1200	0	2	0	0	2	铝合金窗
C2112	2100×1200	0	2	0	0	2	铝合金窗
C1516	1500×1600	0	0	1	1	2	铝合金窗
C1816	1800×1600	0	0	1	1	2	铝合金窗
C2119	2100×1900	8	6	0	0	14	铝合金窗
C2116	2100×1600	0	0	11	11	22	铝合金窗

图 4-93　删除标题栏处的直线

NO.4.6

习题

一、填空题

（1）对于 AutoCAD 来说，字体显示有两种方法，一种是使用＿＿＿＿字体，另一种是使用 CAD 的＿＿字体。

（2）用户在创建多行文字的时候，可以通过在位文字编辑器中的＿＿＿级联菜单供用户选择特殊符号的输入方法。

（3）AutoCAD 中，表格一般由＿＿＿、＿＿＿和＿＿3 部分组成。

（4）创建表格时，"自数据链接"创建方式表示从外部＿＿＿中获得数据创建表格。

（5）一般的线性尺寸标注包括＿＿、＿＿＿、＿＿和＿＿＿4 部分。

二、选择题

（1）创建单行文字时，%%p 表示＿＿＿。

  A．温度符号　　B．正负号　　　　C．直径符号　　　D．下划线

（2）"新建标注样式"对话框中的"符号和箭头"选项卡，"圆心标记"选项组的设置对＿＿＿标注能产生作用。

  A．线性标注　　B．坐标标注　　　C．直径标注　　　D．圆心标注

（3）"新建标注样式"对话框中的"符号和箭头"选项卡，"弧长符号"选项组的设置对＿＿＿标注能产生作用。

  A．角度标注　　B．圆弧标注　　　C．半径标注　　　D．直径标注

（4）需要直接测量一条非水平、非垂直的直线长度，可以使用＿＿＿标注。

  A．坐标标注　　B．线性标注　　　C．对齐标注　　　D．基线标注

（5）《房屋建筑制图统一标准》中规定的 A2 图幅的具体尺寸是＿＿＿＿。

  A．420×594　　B．297×420　　　C．1189×841　　　D．210×297

三、上机题

（1）使用单行文字功能创建如图 4-94 所示的东向立面图图题，文字高度为 700，字体为仿宋体_GB2312，宽度比例为 0.7。

万科星城2号楼A户型东向立面图 1:100

图 4-94　东向立面图标题

（2）创建文字说明，其中"建筑节能措施说明："文字使用 A500 文字样式，其他文字使用 A350 文字样式，效果如图 4-95 所示。

建筑节能措施说明：
1、外墙体：苏01SJ101-A6/12聚苯颗粒保温层厚20，抗裂砂浆分别厚5(涂料)，10(面砖)。
2、屋面：苏02ZJ207-7/27聚苯乙烯泡沫塑料板作隔热层厚30。
3、露台：苏03ZJ207-17/14聚苯乙烯泡沫塑料板作隔热层厚30。
4、外窗及阳台门：硬聚氯乙烯塑料门窗，气密性等级为Ⅱ级。
5、外门窗北立面采用中空玻璃，南立面采用5mm厚普通玻璃。

图 4-95　"装饰装潢节能措施说明"效果

（3）创建如图 4-96 所示的门窗表，表格标题文字样式为 A1000，表格文字样式为 A350。

门窗表

类型	型号	宽×高	数量				说明
			一层	二层	阁楼层	总数	
门	M1	800×2100	1	1	1	3	见详图，采用塑钢型材和净白玻璃
	M2	900×2100	2			2	见详图，采用塑钢型材和净白玻璃
	M3	1000×2100	1	4		5	见详图，采用塑钢型材和净白玻璃
	M4	1200×2400	3	1		4	见详图，采用塑钢型材和净白玻璃
	M5	1800×2100	1		1	2	见详图，采用塑钢型材和净白玻璃
窗	C1	600×600		1	2	3	见详图，采用塑钢型材和净白玻璃
	C2	900×1200	2	2		4	见详图，采用塑钢型材和净白玻璃
	C3	900×1500	4			4	见详图，采用塑钢型材和净白玻璃
	C4	1200×1500		3		3	见详图，采用塑钢型材和净白玻璃
	C5	1500×1500		1		1	见详图，采用塑钢型材和净白玻璃

图 4-96　门窗表

第 5 章

装饰装潢制图中的平面图与立面图

从第 5 章开始，将使用前 4 章讲到的技术，为读者讲解室内装饰装潢中各种图纸的绘制。与建筑装修有直接关系的施工图纸有建筑平面图、建筑天花图、建筑立面图、水暖和电气施工图、建筑室内结构图、门窗施工图等。各种建筑室内装修工程由于建筑属性的不同而不同，从本章起将以一个典型别墅建筑的装修为例，为读者讲解各种装饰装潢图纸的绘制，引导读者了解装修图纸绘制的一般流程和技术方法。

本书在制图过程中不讲解标准的问题，请读者在阅读本章时阅读相关的装潢制图标准，装饰装潢制图中采用的标准基本上与建筑制图类似，本章主要涉及以下几种标准。

- 《房屋建筑制图统一标准》GB/T 50001-2001。
- 《总图制图标准》GB/T 50103-2001。
- 《建筑制图标准》GB/T 50104-2001。
- 《房屋建筑 CAD 制图统一规则》GB/T18112-2000。

NO.5.1
原始结构图

建筑平面图主要有建筑平面图和室内布置图等两种图样类型，建筑平面图主要表达建筑物外部平面造型、建筑物空间的整体布局、室内空间的基本构造以及一些固定设施和施工要求的图样，其中对建筑材料、建筑构配件、尺度关系都有明确的表达，因此可作为建筑主体结构、内外装饰工程施工的依据。

对于从事家居装饰装修的工程技术人员而言，接触较多的是各种单户型的居室装饰设计施工图样，它是以家居装饰设计图样为主，侧重于单户型的装饰设计施工图样，重点是单户型的室内家具陈设和各种设施的制作施工图样，如各种卧室、卫生间、厨房的平面图、立面图和室内各种局部施工详图等。

建筑平面图是装饰装潢工程中最基本的图纸，是各种平面布置图、立面图和水暖电图的基础，通常情况下，在进行建筑设计的时候，已经绘制好相关的建筑平面图。在进行装饰装潢绘图时，直接使用相应的建筑平面图，或者对建筑平面图进行相应的修改，当然，作为独立的装饰工程，也可以直接绘制。经过处理完成的图纸称为原始结构图或者原始房型图。

如图 5-1 所示为原始结构图的效果图，以后将在这个图的基础上绘制其他图纸。

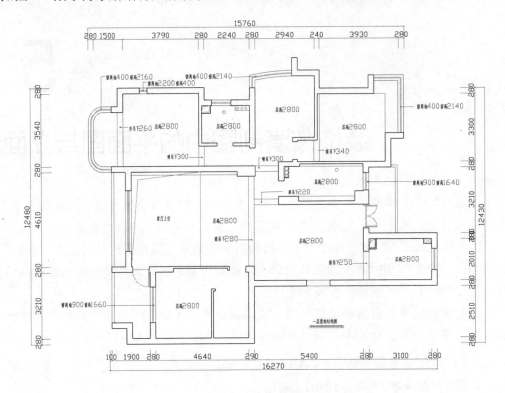

图 5-1　原始房型图

本案的原始结构为砖混结构，外墙厚 280mm，内墙厚 100mm，层高 2800mm，梁吊下高度一般在 250~300mm 之间，客厅部分为二层大空间。个别墙有壁柱，窗的形式多样，有弧形、直线型、折线型等。

本案是二层砖混结构，以一层平面图为例介绍原始房型图的绘制过程。

1. 设置绘图界限

本例中选择 A3 图幅，并且采用足尺作图，所以图形界限为 42000×29700。执行 "格式" | "图形界限" 命令，命令行提示如下：

```
命令: '_limits (执行图形边界命令)
重新设置模型空间界限:
指定左下角点或 [开(ON)|关(OFF)] <0.0000,0.0000>:          //默认左下角点的坐标为原点
指定右上角点 <420.0000,297.0000>: 42000,29700             //绘制 A3 大小的图形界限
```

2. 创建图层

介绍本案的目的是绘制建筑装潢施工图，原始结构图的绘制是前提和基础，但不是重点，为了减少在后续绘图过程中图层的数量，降低查找和切换图层的难度，将原始结构图统一绘制在 0 图层上，用颜色对各构件进行区分。

3. 绘制轴线

由于别墅建筑追求变化，形式多样，结构图比较不规则，如果对每一个墙线都绘制一条轴线，则轴线的数量巨大，在后续的绘图过程中并不能方便寻找需要的轴线，所以可以只绘制一些比较重要的轴线，然后在绘制过程中通过偏移命令绘制辅助线帮助制图。

轴线是绘图时用于准确定位的，在结构图绘制完成时可以删除，因为在别墅的装潢设计中，轴线的作用不大。

绘制轴线的具体步骤如下：

1️⃣ 执行"视图"|"缩放"|"全部"命令，将图形显示在绘图区。

2️⃣ 执行"直线"命令，绘制水平和竖直基准线，长度各为 20000。

3️⃣ 执行"复制"命令将竖直线按照固定的距离进行复制，由左至右间距依次为：380、1220、2420、2520、3200、2680、840、2280。

4️⃣ 执行"复制"命令将水平线按照固定的距离进行复制，由下至上间距依次为：830、3820、1560、1740、1585、705、2020、770。

5️⃣ 执行"格式"|"线性"命令，打开"线型管理器"对话框，单击"加载"按钮，弹出如图 5-2 所示的"加载和重载线型"对话框，选择 ACAD_ISO10W100 线型，此为点划线线性。返回到"线型管理器"对话框，单击"显示细节"按钮，将全局比例因子设为 100。

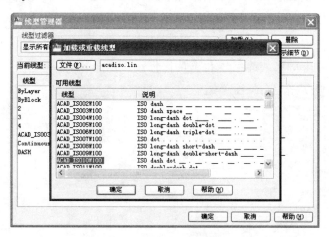

图 5-2　"加载和重载线型"对话框

6️⃣ 选择所有直线右击，在弹出的快捷菜单中选择"特性"命令，弹出"特性"选项板，如图 5-3 所示，将颜色设为红色。最终效果如图 5-4 所示。

图 5-3 "特性"选项板

图 5-4 轴线

4. 绘制轴线编号

绘制轴线的编号原则为水平方向从左到右按照 1、2、3……顺序进行编号，竖直方向从下到上按照 A、B、C……顺序进行编号，辅助线可以编号为 1|A、2|A 等，绘制轴线的步骤如下。

1 执行"圆"命令，绘制要标注轴线符号端部的圆圈，半径为 400。

2 执行"格式"|"文字样式"命令，弹出"文字样式"对话框，设置文字样式，如图 5-5 所示，可采用默认的字体和宽度比例。

图 5-5 设置文字样式

3 填写轴线的编号，使用 DText 命令，对齐方式为中心对齐，对齐中心为圆心。命令行提示如下：

```
命令：dtext
当前文字样式："Standard" 文字高度：2.5000 注释性：否
指定文字的起点或 [对正(J)|样式(S)]：j        //选择对正样式
输入选项
```

[对齐(A)/布满(F)/居中(C)/中间(M)/右对齐(R)/左上(TL)/中上(TC)/右上(TR)/左中(ML)/
正中(MC)/右中(MR)/左下(BL)/中下(BC)/右下(BR)]: mc　　　　//选中文字正中插入样式
指定文字的中间点:　　　　　　　　　　　　　　　　　　//捕捉圆心
指定高度 <2.5000>: 400　　　　　　　　　　　　　　//指定文字的高度
指定文字的旋转角度 <0>:　　　　　　　　　　　　　　//默认旋转角度为0

4 在输入上述命令后, 在屏幕上输入需要的文字即可。执行"复制"命令, 将该圆圈和数字一起复制到其他轴线端点。

5 编辑标注的文字, 修改轴线的编号, 使轴线的编号满足要求。用户可以双击要改变的圆圈中的数字, 或者在命令行中输入 Ddedit 命令, 弹出"文字格式"对话框, 可以通过此对话框对轴线的编号进行修改, 如图 5-6 所示。轴线编号绘制完毕后的效果如图 5-7 所示。

图 5-6　"文字格式"对话框

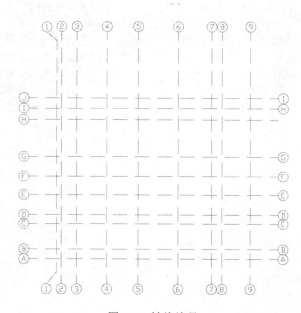

图 5-7　轴线编号

5. 绘制墙体

绘制墙体的方法有两种, 一种是采用"直线"命令绘制出墙体一侧的直线, 然后采用偏移命令再绘制出另外一侧的直线; 另一种是采用"多线"命令绘制墙体, 然后再编辑多线, 整理墙体的交线, 并在墙体上开出门窗洞口等。在本案例中采用"多线"命令绘制墙体。

本案例的墙体比较复杂, 但绘制方式相同, 以左上角为例说明墙体的绘制方法, 如图 5-8 所示。

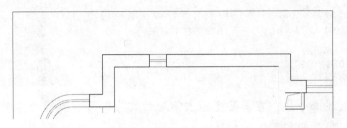

图5-8　墙体左上角区域

1 将轴线1向左侧偏移440，将轴线J向下偏移900，得到辅助线，通过"捕捉"命令绘制墙体，具体命令如下，如图5-9所示。

```
命令: mline                                      //执行"多线"命令
当前设置: 对正 = 无, 比例 = 280.00, 样式 = STANDARD
指定起点或 [对正(J)|比例(S)|样式(ST)]: j          //指定对正样式
输入对正类型 [上(T)|无(Z)|下(B)] <无>: z          //选择对正类型为无
当前设置: 对正 = 无, 比例 = 280.00, 样式 = STANDARD
指定起点或 [对正(J)|比例(S)|样式(ST)]: s          //指定多线的比例, 即多线的宽度
输入多线比例 <280.00>: 280                        //输入多线的宽度
当前设置: 对正 = 无, 比例 = 280.00, 样式 = STANDARD
指定起点或 [对正(J)|比例(S)|样式(ST)]:            //捕捉轴线1右侧辅助线与H轴线的交点
指定下一点:                                       //捕捉H与1轴线的交点
指定下一点或 [放弃(U)]:                           //捕捉1轴和I轴的交点
指定下一点或 [闭合(C)|放弃(U)]:                   //捕捉I与4轴线的交点
指定下一点或 [闭合(C)|放弃(U)]:                   //捕捉4轴线与I、J之间的辅助线的交点
```

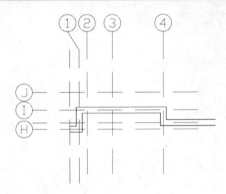

图5-9　墙体的绘制

2 墙线用"多线"命令绘制完毕后，执行"修改"|"对象"|"多线"命令，弹出"多线编辑工具"对话框，利用对话框可对多线进行编辑，或是将墙线打开，使用"修剪"命令对多线进行编辑。如图5-10（a）所示，选择需要编辑的多线，然后单击"T形打开"选项即可，效果对比如图5-10（b）、图5-10（c）所示。

（a）"多线编辑工具"对话框

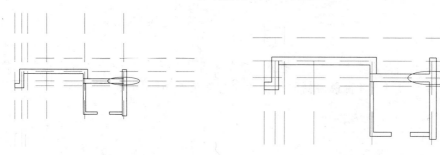

（b）多线进行编辑前　　　　　　（c）多线进行编辑后

图 5-10　多线进行编辑

3 其他墙线的绘制过程和其类似，这里不再赘述，墙线绘制完成后的效果如图 5-11（a）所示。为方便读者绘图，图 5-11（b）对未在轴线上的墙体进行了尺寸标注。

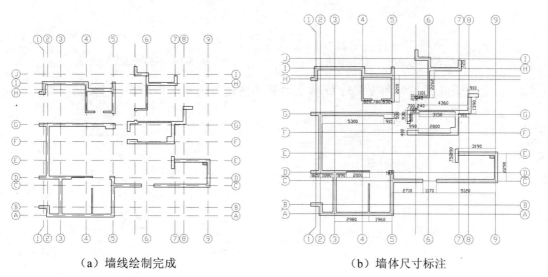

（a）墙线绘制完成　　　　　　　　（b）墙体尺寸标注

图 5-11

6. 创建门窗洞

门窗洞是通过偏移轴线形成辅助线，再使用"修剪"命令对墙线进行修剪得到的。本例以 G、H 轴线间的带弧形的窗为例说明窗的绘制方法。

1 在绘制窗之前，可以先绘制一个标准窗，长度为 1m，宽和墙相同，为 280mm，将其做成块，或是直接利用"复制"命令将已绘制好的窗复制到需要的地方。窗的绘制比较简单，如图 5-12 所示。

图 5-12　窗

2 将窗复制到如图 5-13 所示的地方，然后使用"倒角"命令绘制窗的弧形转角。输入倒角半径 475，将窗最内侧的线倒圆角的效果如图 5-14 所示。

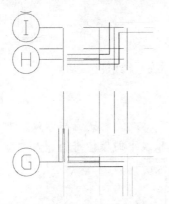

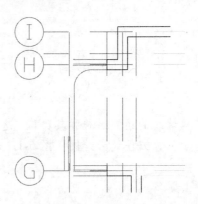

图 5-13　复制"窗"图块　　　　　　　　　图 5-14　窗内侧线倒圆角

3 然后用相同的倒角方式对 G 轴上的弧线角进行倒角，如图 5-15 所示。

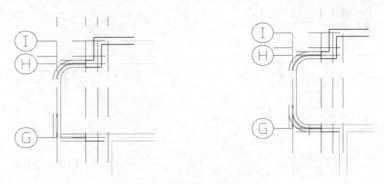

图 5-15　对弧线角进行倒角

4　使用"延伸"和"修剪"命令对图形进行编辑，如图 5-16 所示。所有门窗洞绘制完
　　成后的效果如图 5-17 所示。

5　利用"偏移"命令，绘制其他几条窗线。具体命令如下：

命令：offset
当前设置：删除源=否　图层=源　OFFSETGAPTYPE=0
指定偏移距离或 [通过(T)|删除(E)|图层(L)] <通过>：t　　　　　//选择通过点来指定偏移位置
选择要偏移的对象，或 [退出(E)|放弃(U)] <退出>：　　　　　　//选择窗内线
指定通过点或 [退出(E)|多个(M)|放弃(U)] <退出>://下面依次指定内线左侧的点，具体命令省略

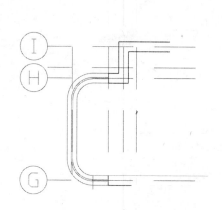

图 5-16　窗编辑完成

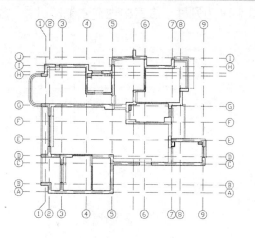

图 5-17　原始结构图绘制完成

6　为方便读者绘图，这里给出窗的尺寸，如图 5-18 所示。

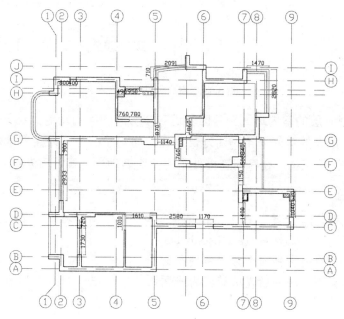

图 5-18　门窗尺寸图

NO.5.2
室内地面图

室内地面图反映了室内地面的做法及使用的材料，在某些图纸中还会附加各种文字说明，并对地面的具体做法进行详细的说明和规定。

图 5-19 为别墅一层室内地面效果图（标识室内地面做法）。

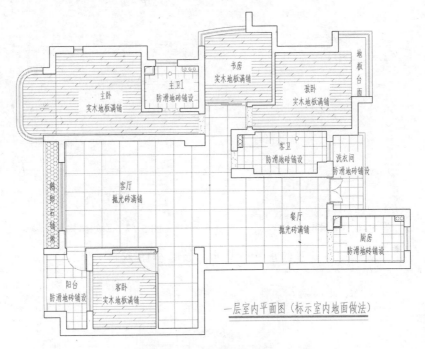

图 5-19　室内做法平面图

图 5-19 为别墅一层的室内地面图，因考虑各个房间的不同功能，对于卫生间，厨房、洗衣房、阳台等用水量大的房间采用防滑地砖满铺，而对于卧室，采用实木地板满铺，对于客厅和餐厅，采用抛光砖满铺，在房间连接处采用花岗岩地面，客厅窗外地面采用鹅卵石铺地。

1. 打开样板图

1 执行"文件"|"新建"命令，打开"选择文件"对话框，可以在这里选择需要的样板，这里选择默认样板（acadiso.dwt）。

2 保存文件，将新文件命名为"室内平面图"。

3 将原始房型图粘贴到新建的"室内平面图"文件中，如图 5-20 所示。

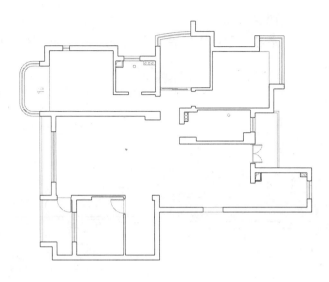

图 5-20　原始房型图

2. 建立图层

为原始房型图新建〝原始房型图〞图层，另外建立〝文字层〞和〝地板层〞两个图层，如图 5-21 所示。

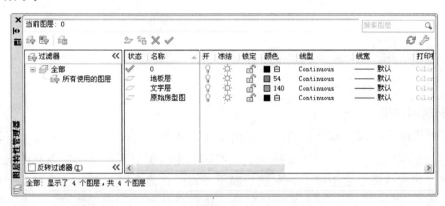

图 5-21　〝图层特性管理器〞选项板

3. 标注房间功能和地面做法

以客厅为例，先选择〝文字层〞图层，执行〝绘图〞|〝文字〞|〝单行文字〞命令。指定文字的高度为 400，可以根据需要更改文字的高度，指定文字的旋转角度为 0°。

```
命令：DTEXT                                    //执行单行文字命令
当前文字样式："Standard"  文字高度：400.0000  注释性：否
指定文字的起点或［对正(J)|样式(S)]            //在主卧房间的合适位置指定文字的起点
指定高度 <400.0000>：400                       //指定文字的高度
指定文字的旋转角度 <0>                         //指定文字的旋转角度，采用默认角度 0
```

然后在屏幕上输入需要的文字即可。此时，如果文字位置在房间的位置不协调，可以直接选定所要移动的文字，然后按住鼠标左键将文字拖动到需要的位置，文字输入完成后的效果如图 5-22 所示。

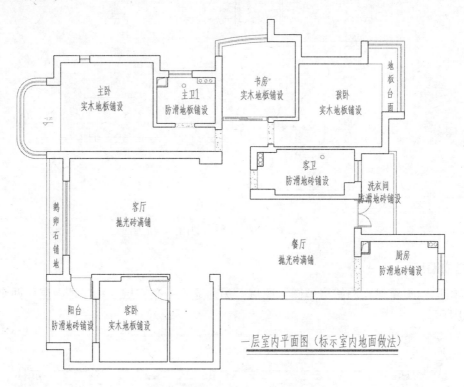

一层室内平面图（标示室内地面做法）

图 5-22　文字绘制完成

4. 绘制房间地板

选择"地板层"图层，整个房间的地板类型共有 4 种："实木地板铺设"、"抛光砖满铺"、"防滑地砖铺设"，"鹅卵石铺地"，不同的地板类型可用不同的填充图案表示。以主卧室为例，应该注意到由于整个卧室的标高不一样，在靠近窗的部分标高稍高，所以地板的铺设也应该分两部分：先绘制靠近窗的部分，执行"绘图"|"图案填充"命令，打开"图案填充和渐变色"对话框，在"类型"下拉列表中选择"预定义"，"图案"下拉列表中选择 DOLMIT，将"比例"调为 250，如图 5-23 所示。设置完成后，在"边界"选项组下单击"添加：拾取点"图标，然后在需要填充的区域内点取一点，然后在"图案填充和渐变色"对话框中单击"确定"按钮。

然后用同样的方法填充其他区域，值得注意的是，对于不同的区域，填充图案是不同的，对于防滑地砖和抛光砖可以选用 net 图案，对于鹅卵石地面可以选用 honey，不同大小的房间可以选用不同的比例，以使图形看起来更加协调，图案填充后的图形如图 5-24 所示。

图 5-23 "图案填充和渐变色"对话框

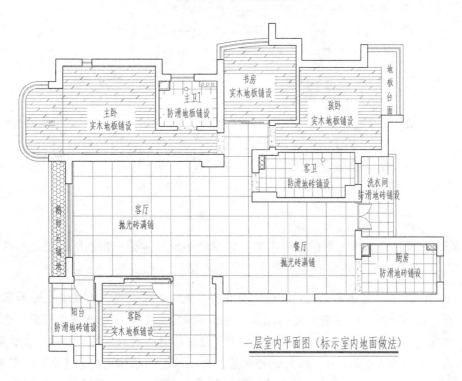

图 5-24 图案填充完成

NO.5.3
室内平面布置图

室内平面布置图主要反映建筑的居室结构、建筑隔墙、门窗等构造需要改建位置的尺寸关系；明确床、桌、柜、椅等家具及冰箱、洗衣机等家用电器的陈设位置；展示如厨房操作台、洗涤槽、浴盆、坐便器等厨房和卫生间的固定设施，以及室内固定储藏空间——橱柜等一系列的位置安排。如图 5-25 所示为室内平面布置效果图（显示室内家具布置）。

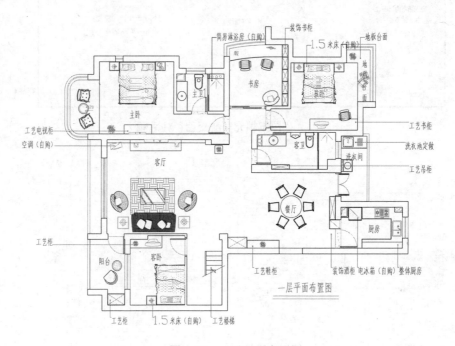

图 5-25　一层平面布置图

图 5-25 标识的是室内一层的家具布置，家具的布置要遵循一定的原则，才能有效地美化居室，否则不但不适用，还会给生活带来种种的不便。

- 卧室。卧室作为休息的场所，应保持安静，光线不需太亮，本案中主卧和客卧都有阳台，但阳台距离卧室有一定的距离，再加上床的布置离窗也有一定距离，这样可以保证休息时光线不会太强烈，主卧选用的是 2m×1.8m 的双人床，床头两边布置床头柜，用来放置台灯，电话等，在主卧的内置阳台上放置两张休闲椅，使卧室的布置更合理。由于阳台的高度要比室内要稍高，所以整个室内不会让人觉得空间太空旷。床对面是液晶电视，旁边有盆景装饰。对于客卧，选用 2m×1.5m 的双人床靠墙放置，在床的斜对角放置普通的纯平电视，电视柜上布置盆景和其他小摆设来平衡。
- 书房。书房是室主人办公学习的地方，需要明亮的房间，但不一定要很大，在本案中，靠近窗户的地方布置电脑桌和书桌，两者是连为一体的，主人可以在功能上对其进行区分即可。再靠近右手边的一面墙布置落地书架。后面布置一把休闲椅，当客人来访时使用。

- 客厅和餐厅。本案中客厅和餐厅没有明显的界限，只是在功能上加以区分，客厅地面铺设花纹地毯，在客厅靠近楼梯的一侧靠墙布置一张三人沙发，前面放置玻璃茶几一张，在长条沙发的对面墙壁上悬挂大屏幕液晶电视一台，两边采用盆景、小摆设和墙壁装饰来布置。餐厅的布置简单，在中间布置六人圆形餐桌一张，在靠近厨房的门口放置柜子，可以用来在就餐时临时放置一些东西。在楼梯的进门处，放置工艺鞋柜一个。

- 厨房、卫生间、洗衣间。这三者的布置比较简单，只需将一些必备的家具放置即可，家具的选用主要是尺寸的选用，还要考虑个人的爱好和习惯。

由于家具的重复使用率很高，所以在绘制家具时可选用已经绘制好的家具图库，家具图库由专业人士绘制，在装饰施工图的绘制过程中只要将图库中需要的图块复制过来即可。也可以直接将各个图块插入到需要的地方，但是当图块较多时，在寻找需要的图块时要花费很多时间，所以推荐直接复制图块。家具的绘制主要是家具形式的选择和尺寸的确定。CAD 图库可以在网上下载，图 5-26 展示的是一个电视机的图库。

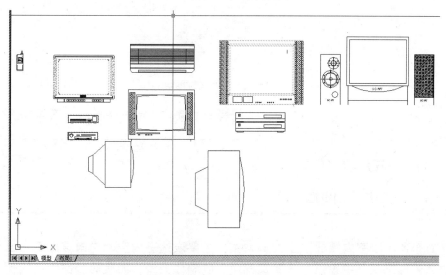

图 5-26　电视机图库

对于主卧室，一般选用比较豪华的双人床，尺寸在 2m × 1.8m 左右，在 CAD 图块中选用合适的床，将其复制到绘制的窗口里，如图 5-27 所示。

床的宽度是 1.8 米，加上两个床头柜在 2.9 左右，主卧室的宽度在 3.8 米，可以将床放在中间，两边各留 1 米的空间（包括床头柜所占用的空间）。因为原来的墙线不是一条线，没法捕捉合适的插入点，所以为了准确插入图块，我们先作一辅助线确定插入点的位置。插入点的位置比较容易确定，先绘制一条直线 1，然后过其中点作其垂直线，2 线和原墙线的交点就是我们需要的插入点，如图 5-28 所示。插入"床"图块，删除辅助线后的效果如图 5-29 所示。

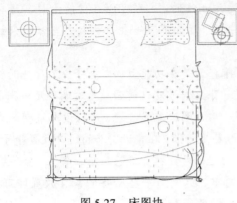

图 5-27　床图块

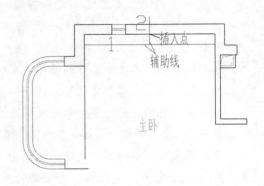

图 5-28　确定插入点位置

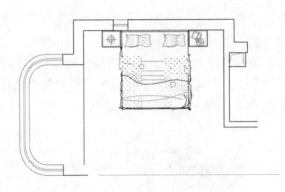

图 5-29　插入"床"图块

利用同样的方法插入阳台上的桌椅。其他房间的家具绘制方法类似，不再赘述。

NO.5.4
客厅立面图

建筑立面布置图以室内墙面的正投影为主，主要表达室内空间中向该建筑正面投影的所有构造和物体的形态。其中重点是该建筑界面上的墙体造型，如表面装饰材料的构成形式、尺寸位置等，尤其是高度尺寸要标注详细。家居室内装修立面图中的主要轮廓线应是各种建筑的墙体界面，一般情况下在墙体主要部位的表面不画任何剖面图，以方便施工人员看到该墙面完整的空间投影。通常情况下，在进行室内立面图绘制的时候，对于不同房间的主要立面都要绘制相应的立面布置图，以便能够详细的表达设计思想，也有利于工程技术人员进行施工。图 5-30 为别墅的一层客厅立面效果图。

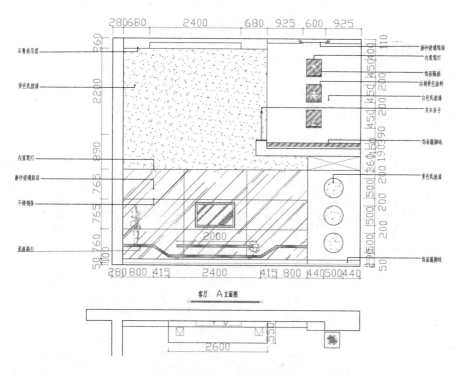

石膏板吊顶

黄色乳胶漆

内置筒灯

磨砂玻璃贴面

不锈钢条

混漆刷白

磨砂玻璃饰面
内置筒灯
饰面隔板
内刷黄色涂料
白色乳胶漆
实木扶手

饰面踢脚线

黄色乳胶漆

饰面踢脚线

客厅　A立面图

图 5-30　客厅立面图

　　客厅是招待客人的地方，是整个别墅装修的重点，所以客厅的布置很重要，要有一定的品味，能显示主人的爱好和修养。本案的主题墙和一般的客厅还不一样，整个客厅是高达两层的大空间，高度上的增加和二层走廊的加入，要求设计师在主题墙的设计过程中应注意和周围环境的协调，以及上部墙面的处理不要太突兀。本案在背景墙的显著位置放置大屏幕液晶电视一台，是整个主题墙的重点，围绕电视，在下面装饰性地布置两张搁物台，并放置两个盆景进行装饰。桌的侧面采用混漆刷白。电视的背景墙采用磨砂玻璃贴面，不锈钢条嵌缝。在背景墙顶部的墙上内置筒灯。电视背景墙的墙面刷黄色乳胶漆。在二楼走廊对应的墙面上刷白色乳胶漆，在中部布置 3 个筒灯。

　　以下是客厅立面图绘制的具体步骤。

1 绘制初始结构图，选择图层为 0 层，执行"绘图"|"直线"命令，绘制竖直直线，执行"修改"|"偏移"命令，具体命令如下所示：

```
命令：_line
指定第一点                              //在图中任意指定一点，作为起始点
指定下一点或 [放弃(U)]:@0,9000          //指定下一点的坐标
指定下一点或 [放弃(U)]                  //选择放弃
```

2 执行"修改"|"偏移"命令，将直线向右依次偏移 280、6210。偏移后图形如图 5-31 所示。对图形进行修剪，完成后的墙线如图 5-32 所示。楼梯的绘制和墙线的绘制类似，效果如图 5-33 所示，尺寸如图 5-34 所示。

147

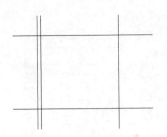

图 5-31　偏移后产生的墙线

图 5-32　修剪后的墙线

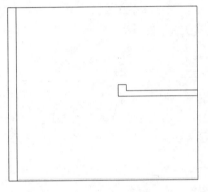

图 5-33　走廊楼梯板的绘制

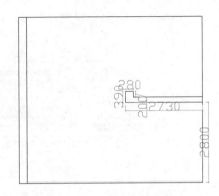

图 5-34　走廊楼梯板的尺寸

3 楼梯扶手可以在空白处绘制，然后再复制到需要的地方。绘制一个半径为 30 的圆作为楼梯扶手，命令行提示如下：

```
命令: c                                                    //执行"圆"命令
CIRCLE 指定圆的圆心或 [三点(3P)|两点(2P)|相切. 相切、半径(T)]:
指定圆的半径或 [直径(D)] <30.0000>:                         //输入圆的半径 30
```

4 绘制扶手栏杆，先绘制辅助线，命令行提示如下：

```
命令: ff
LINE 指定第一点:
指定下一点或 [放弃(U)]: @0,-700)      //指定下一点为相对于第一点向下 700 个单位的点
指定下一点或 [放弃(U)]:                //输入 U 或回车
```

5 绘制栏杆，命令行提示如下：

```
命令: fs
OFFSET
当前设置: 删除源=否 图层=源  OFFSETGAPTYPE=0
指定偏移距离或 [通过(T)|删除(E)|图层(L)] <20.0000>: 10          //输入偏移距离 10
选择要偏移的对象，或 [退出(E)|放弃(U)] <退出>:                  //选择刚绘制的直线
指定要偏移的那一侧上的点，或 [退出(E)|多个(M)|放弃(U)] <退出>: //在直线右侧指定一点
选择要偏移的对象，或 [退出(E)|放弃(U)] <退出>:                  //再次选择刚才绘制的直线
指定要偏移的那一侧上的点，或 [退出(E)|多个(M)|放弃(U)] <退出>: //在直线左侧指定一点
```

6 以直线下端为中点绘制一条长为 280 的直线，将其向上偏移 20，将其两端用直线封

闭，通过删除不需要的对象和"修剪"命令得到如图 5-35 所示的图形。

7 以辅助线的中点为基准点，将楼梯栏杆复制到需要的地方，然后删除辅助线。复制后的效果如图 5-36 所示。

图 5-35　走廊栏杆的绘制　　　　　　　图 5-36　　栏杆绘制完成

8 新建"家具"图层，并置为当前图层。绘制电视机时只需在图库中找到相应的图块，插入即可。执行"修改"|"偏移"命令，将墙面底线依次向上偏移 50 和 100，偏移后将第一次偏移的直线颜色改为灰色，第二次偏移的直线改为红色，并对左边的多余部分进行修剪，效果如图 5-37 所示。然后通过"偏移"命令确定搁物台的位置，具体命令如下。

```
命令: fs
OFFSET
当前设置: 删除源=否   图层=源   OFFSETGAPTYPE=0
指定偏移距离或 [通过(T)|删除(E)|图层(L)] <100.0000>: 50      //指定偏移距离为50
选择要偏移的对象，或 [退出(E)|放弃(U)] <退出>:             //选择刚绘制的踢脚线
指定要偏移的那一侧上的点，或 [退出(E)|多个(M)|放弃(U)] <退出>://在踢脚线的上方指定一点
选择要偏移的对象，或 [退出(E)|放弃(U)] <退出>:             //按下 ENTER 键退出
```

9 利用同样的方法将刚偏移的直线依次向上偏移 60、200、60、800、415、2400、415、800。竖直方向以左侧的内墙线为偏移直线，依次偏移 800、415、2400、415、800，搁物台定位轴线绘制完成，如图 5-38 所示。

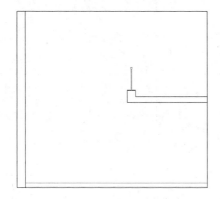
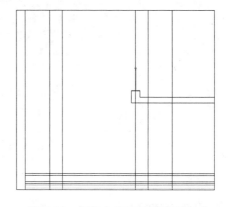

图 5-37　踢脚线绘制完成　　　　　　　图 5-38　搁物台定位轴线绘制完成

⑩ 执行"绘图"|"直线"命令，绘制搁物台轮廓。依次连接各个节点，如图 5-39 所示。

⑪ 删除定位轴线，如图 5-40 所示。

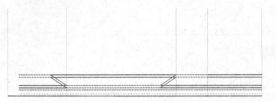 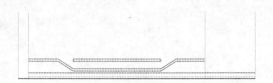

图 5-39　连接各个节点　　　　　　　　　　图 5-40　删除定位轴线

⑫ 对搁物台的轮廓进行填充，执行"绘图"|"图案填充"命令，打开"图案填充和渐变变色"对话框，如图 5-41 所示，"图案"选用 JIS_LC_20A，在"比例"下拉列表中选取为 1，单击"添加：拾取点"前面的图标，在搁物台轮廓内单击，返回到"图案填充和渐变色"对话框，单击"确定"按钮。填充后的图案如图 5-42 所示。

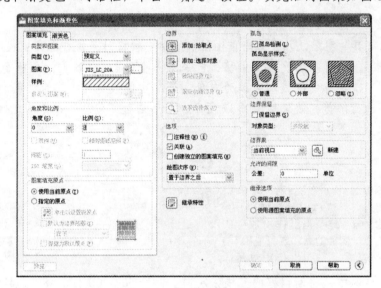

图 5-41　　"图案填充与渐变色"对话框

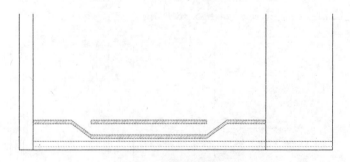

图 5-42　图案填充完成

⑬ 绘制电视机的背景磨砂玻璃贴面，命令行提示如下：

```
命令：_offset
```

```
当前设置: 删除源=否  图层=源  OFFSETGAPTYPE=0
指定偏移距离或 [通过(T)|删除(E)|图层(L)] <2290.0000>:            //指定偏移距离为 2290
选择要偏移的对象, 或 [退出(E)|放弃(U)] <退出>:                   //选择踢脚线直线
指定要偏移的那一侧上的点, 或 [退出(E)|多个(M)|放弃(U)] <退出>:  //在踢脚线上方指定一点
选择要偏移的对象, 或 [退出(E)|放弃(U)] <退出>:                   //按下 ENTER 键退出
```

14 下面通过填充的方式来绘制磨砂背景贴面, 绘制方法和前面相同, 在"图案"下拉列表中选用 AR-RROOF, "角度"下拉列表中选择 45 度, 比例为 40。具体的参数设置如图 5-43 所示。填充磨砂背景贴面的效果如图 5-44 所示。

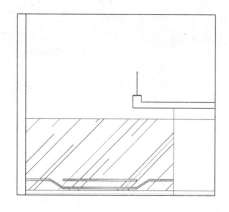

图 5-43　"图案填充和渐变色"对话框　　　　　图 5-44　对电视墙背景进行填充

15 绘制不锈钢条嵌缝, 先将背景范围的边缘用直线绘制, 然后将绘制的直线三等分, 如图 5-45 所示。命令行提示如下:

```
命令: dv
DIVIDE
选择要定数等分的对象                          //选择上边缘线
输入线段数目或 [块(B)]: 3                     //输入需要划分的段数
```

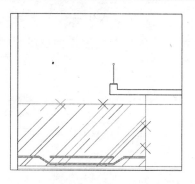

图 5-45　将背景的边缘线等分

16 直接按下回车键, 等分下一条边缘线, 命令行提示如下:

```
命令:
DIVIDE
```

| 选择要定数等分的对象 | //选择右边缘线 |
| 输入线段数目或 [块(B)]: 3 | //输入需要划分的段数 |

17 使用"多线"命令绘制嵌缝，命令行提示如下：

```
命令: mline
当前设置: 对正 = 无, 比例 = 5.00, 样式 = STANDARD
指定起点或 [对正(J)|比例(S)|样式(ST)]: j        //输入 j, 调整对正模式
输入对正类型 [上(T)|无(Z)|下(B)] <无>: z        //输入 z, 选择对正类型为无, 即中部对正
当前设置: 对正 = 无, 比例 = 5.00, 样式 = STANDARD
指定起点或 [对正(J)|比例(S)|样式(ST)]: s        //输入 s, 设置绘图比例
输入多线比例 <5.00>: 5                          //设置多线的宽度为 5
当前设置: 对正 = 无, 比例 = 5.00, 样式 = STANDARD
指定起点或 [对正(J)|比例(S)|样式(ST)]:           //指定如图 5-46 所示的 1 点
指定下一点:                                     //启动"垂足"捕捉命令, 在下边缘捕捉垂足
指定下一点或 [放弃(U)]:                          //按下 ENTER 键, 不锈钢条嵌缝的绘制如图 5-47 所示
```

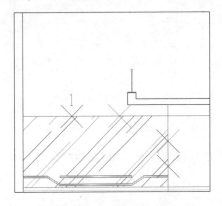

图 5-46　捕捉点的位置

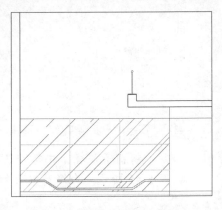

图 5-47　不锈钢条嵌缝绘制效果

18 根据平面图中电视的位置做辅助线，插入电视，这里不再赘述。插入效果如图 5-48 所示。

19 绘制石膏板吊顶比较简单，具体命令省略，对需要刷黄色乳胶漆的部分进行填充，参数设置如图 5-49 所示。最后填充的效果如图 5-50 所示。

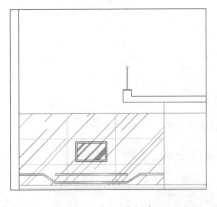

图 5-48　插入电视机

图 5-49　参数设置

20 绘制电视右侧的圆形装饰，具体位置可以按以下方式确定：在中部绘制竖直线，进行 4 等分，确定圆形装饰中心，这里不再赘述。执行"绘图"|"圆"命令，绘制半径为 250 的圆，圆心为绘制圆形装饰矩形的对角线交点，通过将其上下偏移 700 来确定其他两个圆的圆心。先绘制一个圆，通过"阵列"命令绘制另外两个圆，通过填充来表示黄色乳胶漆的刷面。具体绘制命令如下所示：

```
命令: _circle                                            //执行"圆"命令
指定圆的圆心或 [三点(3P)|两点(2P)|相切、相切、半径(T)]:  //在屏幕上指定最下圆的圆心
指定圆的半径或 [直径(D)] <311.9099>: 250                 //指定圆的半径为 250
```

21 使用"阵列"命令绘制其他两个圆形装饰，执行"修改"|"阵列"命令，弹出如图 5-51 所示的对话框，进行参数设置即可。阵列完成后，将其复制到需要的区域即可，效果如图 5-52 所示。

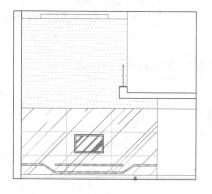

图 5-50 石膏板吊顶绘制完成

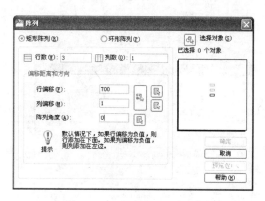

图 5-51 "阵列"对话框

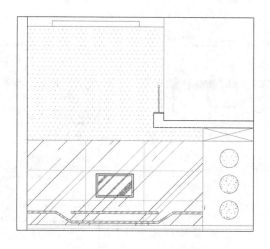

图 5-52 绘制圆形装饰

22 二层走廊墙面的踢脚线的绘制方式和一楼方式相同，这里不再赘述，墙面上的三个装饰筒灯的绘制方法，同样可以采用先绘制一个，然后进行阵列，复制到相应位置即可，筒灯上的动物花纹可以在图库中寻找合适的图案进行粘贴。装饰筒灯宽 400，高 450。具体填充的参数如图 5-53 所示。具体的绘制过程省略，效果如图 5-54 所示。

图 5-53　设置参数

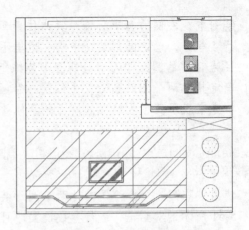

图 5-54　走廊墙壁灯绘制完成

23 选择"文字"图层，执行"标注"|"标注样式"命令，建立新的标注样式 section，参数设置如图 5-55 所示。

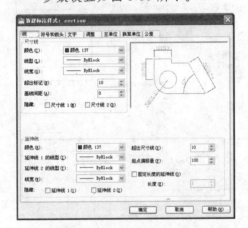

（a）"线"选项卡

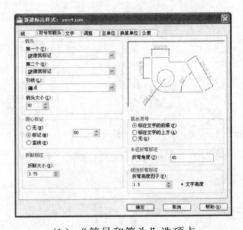

（b）"符号和箭头"选项卡

（c）"文字"选项卡

（d）"调整"选项卡

图 5-55

24 标注样式完成后，执行"标注"|"线性"命令，开始标注尺寸，命令行提示如下：

```
命令：_dimlinear                                    //执行"线性"命令
指定第一条延伸线原点或 <选择对象>：                    //指定外墙线的上一点
指定第二条延伸线原点：                                //指定内墙线的上一点
指定尺寸线位置或
[多行文字(M)|文字(T)|角度(A)|水平(H)|垂直(V)|旋转(R)]：
标注文字 = 280                              //程序自动测量标注的长度，按下 ENTER 键
```

25 在进行第一段标注后，可以采用连续标注，以提高标注效率，命令行提示如下：

```
命令：_dimcontinue                                  //执行"连续标注"命令
指定第二条尺寸界线原点或 [放弃(U)|选择(S)] <选择>：     //指定内墙线的右侧第 1 点
标注文字 = 680
指定第二条延伸线原点或 [放弃(U)/选择(S)] <选择>：      //指定内墙线的右侧第 2 点
标注文字 = 2400
指定第二条延伸线原点或 [放弃(U)/选择(S)] <选择>：      //指定内墙线的右侧第 3 点
标注文字 = 680
指定第二条延伸线原点或 [放弃(U)/选择(S)] <选择>：      //指定内墙线的右侧第 4 点
标注文字 = 2450
指定第二条延伸线原点或 [放弃(U)/选择(S)] <选择>：      //指定内墙线的右侧第 5 点
选择连续标注：                                        //按下 ENTER 键
```

26 执行命令结束后的效果如图 5-56 所示。其他尺寸标注方式类似，这里不再赘述，图 5-57 为全部尺寸标注完成后的效果。

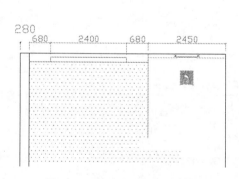

图 5-56　部分尺寸标注完成

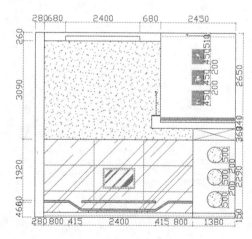

图 5-57　尺寸线标注完毕

27 单个引线和文字的标注命令如下：

```
命令：c                                   //执行"圆"命令，绘制直径为 20 的圆
CIRCLE 指定圆的圆心或 [三点(3P)|两点(2P)|相切、相切、半径(T)]：
指定圆的半径或 [直径(D)] <10.0000>：10        //输入圆的半径 10
```

28 对圆进行填充的命令行提示如下：

```
命令：HATCH                                        //对圆进行填充
```

拾取内部点或 [选择对象(S)|删除边界(B)]: 正在选择所有对象...
正在选择所有可见对象...
正在分析所选数据...
正在分析内部孤岛...
拾取内部点或 [选择对象(S)|删除边界(B)]: //在圆内指定一点

29 绘制引线的具体命令行提示如下：

命令: LINE //使用"直线"命令绘制引线
指定第一点:
指定下一点或 [放弃(U)]:) //执行"正交"命令，向上指定一点，距离为 100 左右
指定下一点或 [放弃(U)]: //向右侧绘制水平线，长度为 700 左右
指定下一点或 [闭合(C)|放弃(U)]: //按下 ENTER 键

30 文字标注的具体命令行提示如下：

命令: _dtext //使用"单行文字"命令添加文字
当前文字样式: "Standard" 文字高度: 2.5000 注释性: 否
指定文字的起点或 [对正(J)|样式(S)] //在引线的右侧指定一点
指定高度 <2.5000>: 100 //指定文字的高度为 100
指定文字的旋转角度 <0>: //指定文字的旋转角度为默认值 0

31 绘制的文字标注如图 5-58 所示。用相同的方法
标注其他文字，效果如图 5-59 所示。

输入要标注的文字

图 5-58 文字标注

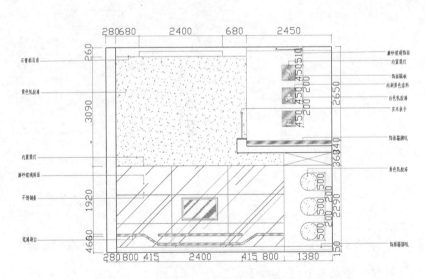

图 5-59 文字标注完成

32 最后在搁物台上放置花瓶进行修饰，绘制效果如图 5-30 所示。

NO.5.5

厨房立面图

厨房立面图的最终效果如图 5-60 所示。

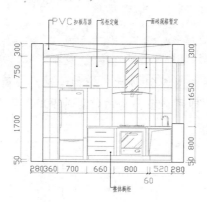

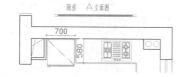

图 5-60　厨房立面图

厨房的宽度为 3.1m，高度为 2.8m，在宽度方向上需要安排一个整体橱柜，长度为 2m 左右，冰箱一台，宽度为 0.57m 左右，两者的宽度之和大约为 2.6m，整个厨房宽度方向上有大约 0.5m 的剩余。立面高度上，橱柜和冰箱靠右放置。在高度上，冰箱的高度大约为 1.65m，上部吊柜的高度大约为 0.8m，总高度在 2.8m 以内。在煤气灶上方悬挂一个抽油烟机。厨房的吊顶选用 PVC 扣板，墙面采用面砖铺设。

绘制厨房立面图的具体步骤如下。

1 绘制原始结构图，使用"直线"命令绘制墙体，执行"绘图"|"直线"命令，具体命令如下：

```
命令: _line
指定第一点                                  //执行"直线"命令，先绘制一条初始墙线
指定下一点或 [放弃(U)]:
指定下一点或 [放弃(U)]:
命令: _offset                               //通过"偏移"命令绘制其他墙线
当前设置: 删除源=否  图层=源  OFFSETGAPTYPE=0
指定偏移距离或 [通过(T)|删除(E)|图层(L)] <通过>: 280     //偏移距离为280
选择要偏移的对象，或 [退出(E)|放弃(U)] <退出>              //选择刚绘制的竖向墙线
指定要偏移的那一侧上的点，或 [退出(E)|多个(M)|放弃(U)] <退出>:
                                            //在墙线的右侧单击，作为偏移的方向
```

选择要偏移的对象，或 [退出(E)|放弃(U)] <退出>:

2 使用相同的方法依次继续偏移直线，偏移距离为 3100、280、2800。对偏移的直线
进行剪切。命令行的提示如下：

命令：_trim   //利用"修剪"命令对绘制的墙线进行修剪
当前设置:投影=UCS，边=无
选择剪切边
选择对象或 <全部选择>: 指定对角点：找到 6 个   //选择所有边为剪切边
选择对象:
选择要修剪的对象，或按住 Shift 键选择要延伸的对象，或
[栏选(F)|窗交(C)|投影(P)|边(E)|删除(R)|放弃(U)]: 指定对角点： //选择被剪切的边

3 墙线绘制完成后的效果如图 5-61 所示。窗的绘制比较简单，先在墙体内确定位置，
然后绘制，插入窗洞内即可。窗离地的位置为 900，具体的绘制过程这里不再赘述。
效果如图 5-62 所示。

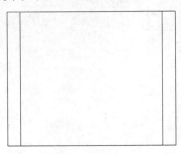

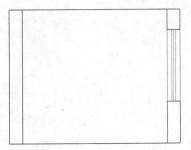

图 5-61　厨房立面的墙线　　　　　　　　　　图 5-62　窗绘制完成

4 绘制顶部的 PVC 扣板吊顶和吊柜，具体的命令行提示如下：

命令：offset   //利用"偏移"命令绘制吊顶下弦
当前设置：删除源=否　图层=源　OFFSETGAPTYPE=0
指定偏移距离或 [通过(T)|删除(E)|图层(L)] <1495.0000>: 300 //吊顶的高度为300
选择要偏移的对象，或 [退出(E)|放弃(U)] <退出>:   //指定天花板的下边缘线
指定要偏移的那一侧上的点，或 [退出(E)|多个(M)|放弃(U)] <退出>://按下 ENTER 键退出

5 对偏移线进行修剪，具体的命令行提示如下所示：

命令：TRIM   //使用"修剪"命令删除下弦多余的线
当前设置:投影=UCS，边=无
选择剪切边...
选择对象或 <全部选择>: 找到 1 个
选择对象：找到 1 个，总计 2 个   //选择内墙线为剪切边
选择对象：(按下 ENTER 键)
选择要修剪的对象，或按住 Shift 键选择要延伸的对象，或
[栏选(F)|窗交(C)|投影(P)|边(E)|删除(R)|放弃(U)]: //剪切偏移线超出墙线的部分
选择要修剪的对象，或按住 Shift 键选择要延伸的对象，或
[栏选(F)|窗交(C)|投影(P)|边(E)|删除(R)|放弃(U)]: //按下 ENTER 键

6 绘制两条对角线，具体的命令行提示如下所示：

```
命令: line
指定第一点                                    //绘制交叉斜线标识吊顶，指定矩形的一点
指定下一点或 [放弃(U)]:                        //指定起点的对角点
指定下一点或 [放弃(U)]:                        //按下 ENTER 键结束
```

7 利用同样的方法绘制另一条对角线。因为绘制吊顶的过程中，大部分使用的是"偏移"命令，线型和颜色可能不是所要求的，需要对其进行修改。选定需要更改的图形，单击"对象特性"按钮，如图 5-63 所示。

图 5-63　"对象特性"按钮（选定的按钮）

8 吊顶绘制完成后如图 5-64 所示。吊柜的绘制过程如下，执行"绘图"|"矩形"命令，绘制一个 750×400 的矩形，具体命令如下:

```
命令: rec                                                    //执行"矩形"命令
RECTANG
指定第一个角点或 [倒角(C)|标高(E)|圆角(F)|厚度(T)|宽度(W)]    //指定矩形的第一点
指定另一个角点或 [面积(A)|尺寸(D)|旋转(R)]: @400,750
                                      //指定另一个角点，利用相对坐标确定下一点的坐标
```

9 利用"矩形"命令绘制吊柜的门扶手，位置不用十分精确，将吊柜进行复制，效果如图 5-65 所示。

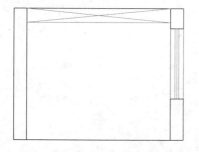

图 5-64　PVC 扣板吊顶绘制完毕

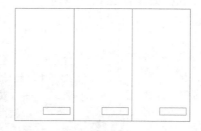

图 5-65　绘制吊柜

10 将吊柜粘贴到适当的位置，效果如图 5-66 所示。绘制墙壁面砖时，可使用"填充"命令绘制面砖，具体的填充参数设置如图 5-67 所示，绘制的效果如图 5-68 所示。

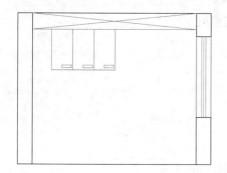

图 5-66　吊柜效果图

图 5-67　设置参数

⓫ 复杂的家用电器图形可以从图库中调用，但需要注意尺寸要一致，现在直接将图库中的冰箱、整体橱柜、抽油烟机直接调入，效果如图5-69所示。

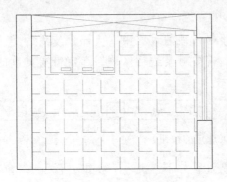

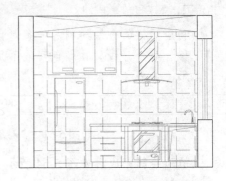

图 5-68　墙壁面砖的绘制效果　　　　　　　　图 5-69　厨具绘制完成

⓬ 文字和尺寸的标注方法和客厅的标注相同，这里不再赘述，效果如图5-60所示。

NO.5.6
餐厅立面图

餐厅立面图效果如图5-70所示。

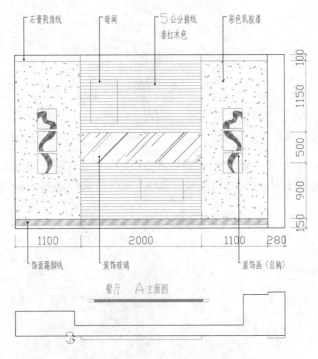

图 5-70　餐厅立面图

餐厅 A 立面的装饰比较对称，两端 1.1m 的距离内采用彩色乳胶漆刷墙，利用悬挂装饰画进行修饰。中部装饰分为 3 个部分，上部大约 1.2m 和下部 1m 范围内用 50mm 排线套红桃木，中部采用装饰玻璃。具体的绘制过程略去，不再赘述。

NO.5.7
书房立面图

如图 5-71 所示为书房立面图的效果。

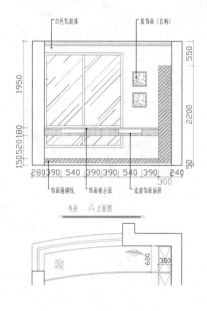

图 5-71　书房立面图

由于书房功能单一，使用人员较少，所以装饰也比较简单，本案中书房右侧放置书架一个，靠窗放置一个高 0.85m 的书桌，兼作电脑桌，墙壁采用白色乳胶漆粉刷，在空白处悬挂装饰画修饰。具体的绘制过程略去，不再赘述。

NO.5.8
天花布置图

建筑室内的天花图就是室内建筑空间中顶棚（也称天棚、棚面或顶界面）的造型结构和形态的图样，主要表达顶棚结构（包括二次吊顶）的造型、材料、构成形式及工艺做法，如棚面形式、灯具的安装位置、材料特征等一系列造型要素，同时对各种棚面造型、结构、照明等电器设施的安装尺寸做详细标注。

建筑室内天花图一般只注明照明电器等设施的安装尺寸，即通常所说的灯位。电气原理图或电路图一般都在电气安装图上画出，这部分图纸将在第 6 章中讲解。

现在建筑室内装修行业对于室内天花图有一种特殊的习惯画法，即不是按照第一角透视的画法去绘图。其顶视图不是按照方向与地面图对应地去画，而是为了画图和识图的方便，把天棚与地面重叠在一起，将顶视图也按照水平投影去画，即按照俯视图的方向去对应布置。这种图方便了施工人员，是行业的一种通行画法，也有人称之为镜像画法。

如图 5-72 所示为一层天花布置图的效果。

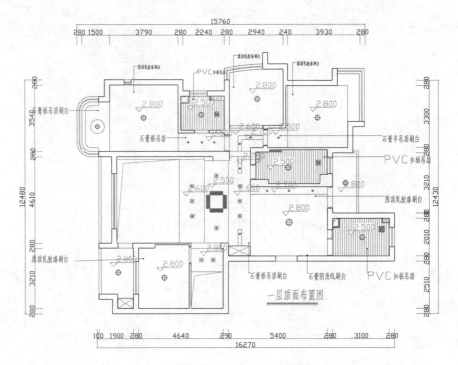

图 5-72　一层天花布置图

天花布置主要包括吊灯的布置、天花的粉刷类型、吊顶等。本案中卫生间和厨房采用 PVC 扣板吊顶，孩卧房的入口处采用石膏半吊顶刷白，主卧入口处采用石膏板吊顶，在餐厅和客厅的衔接处以及主卧的内置阳台采用石膏板吊顶刷白，其他房间采用原顶石膏板刷白。灯具主要采用筒灯、射灯和方形吸顶灯。

一层天花布置图的具体绘制过程如下。

1 调入原始结构图，关闭"文字"图层，并删除梁线，将剩余图形复制到新文件中，将其命名为"一层天花布置图.dwg"，如图 5-73 所示。

2 将图形中的门窗全部删除，执行"绘图"|"矩形"命令，在门窗删除之后留下的缺口处绘制矩形，将墙体补为密封，如图 5-74 所示。

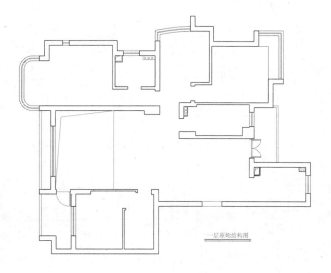

图 5-73　一层原始结构图

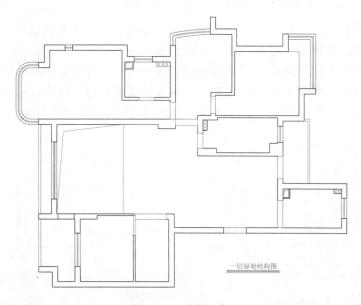

图 5-74　删除门窗

3 绘制卫生间顶棚，执行"绘图"|"修订云线"命令，具体命令行提示如下，效果如图 5-75 所示。

```
命令: revcloud
最小弧长: 5.0000    最大弧长: 5.0000    样式: 普通
指定起点或 [弧长(A)|对象(O)|样式(S)] <对象>: a              //选择指定弧长
指定最小弧长 <5.0000>: 50                                    //输入最小弧长为 50
指定最大弧长 <50.0000>:                                       //默认最大弧长为 50
指定起点或 [弧长(A)|对象(O)|样式(S)] <对象>:
沿云线路径引导十字光标...
修订云线完成。
```

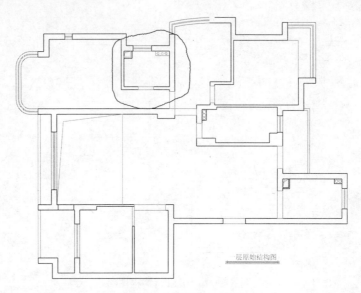

图 5-75　绘制修订云线

4　执行"修改"|"剪切"命令，将墙体线与云线相交且在云线以外的线条剪切掉，然
　后将云线之外的线条对象删除，如图 5-76 所示。

5　在卫生间的房间区域画出两条对角线，作为确定筒灯的辅助线，绘制完毕后即可删
　除，筒灯和方形吸顶灯的绘制都比较简单、规则，这里就不再详细介绍。也可以从
　图库中找到图块直接插入到所需要的位置。如图 5-77 所示为筒灯插入完毕后的效果。

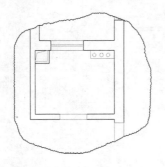

图 5-76　修剪线条对象

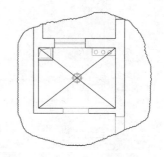

图 5-77　绘制筒灯

6　确定方形吸顶灯的位置。执行"绘图"|"直线"命令，以筒灯的几何中心为起始点，
　绘制直线，第二点的位置坐标为(@700,0)，插入方形吸顶灯，如图 5-78 所示。

7　绘制标高，标高符号的绘制方法很多，也比较简单，这里不再赘述，效果完成后如
　图 5-79 所示。

8　绘制 PVC 扣板吊顶，执行"绘图"|"图案填充"命令，在"图案填充和渐变色"对话
　框中单击"样例"一栏的图标，在"填充图案选项板"对话框中选择如图 5-80 所示的
　IS009W100 填充图案，单击"确定"按钮，返回"图案填充和渐变色"对话框，在"角
　度"下拉列表中设置数值为 90，在"类型"下拉列表中选择用户定义，然后将间距值设
　为 120，如图 5-81 所示。

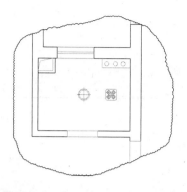

图 5-78 绘制方形吸顶灯

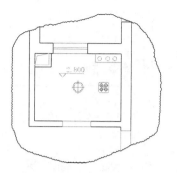

图 5-79 绘制标高

图 5-80 "填充图案选项板"对话框

图 5-81 "图案填充与渐变色"对话框

9 图案填充完毕后得到的效果如图 5-82 所示。文字标注的绘制方法和前例相同,这里不再赘述,效果如图 5-83 所示。

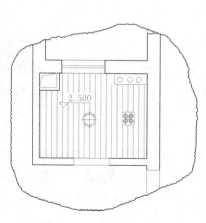

图 5-82 PVC 扣板吊顶绘制

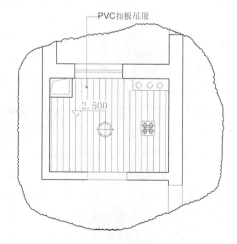

图 5-83 文字标注

10 其他房间的绘制方法和卫生间类似,这里不再赘述,最后效果如图 5-72 所示。

NO.5.9
习题

（1）完成如图5-84所示的平面图绘制。

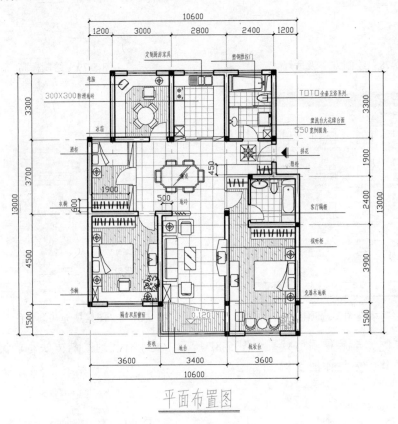

平面布置图

图5-84　平面布置图

识图：本案例是某单层别墅的一层平面布置图，包括主卧、次卧、客厅、厨房、办公房间和两个卫生间。厨房、客厅、卫生间采用300×300防滑地砖铺地，卧室、办公房间采用免漆木地板铺地，在入门处的地面上有一星型拼花。

（2）完成如图5-85所示的天花布置图的绘制。

识图：本案例是某别墅的天花布置图，客厅采用纸面石膏板吊顶，红榉夹板，并布置暗槽灯带，中部设置水晶灯。卧室的墙面采用立邦漆刷白，中部布置豪华吊灯，阴角线采用100宽细木工板，客厅和共享空间布置一周镀钛牛眼灯，卫生间吊顶采用金属微孔板。

（3）完成如图5-86所示的厨房门立面图的绘制。

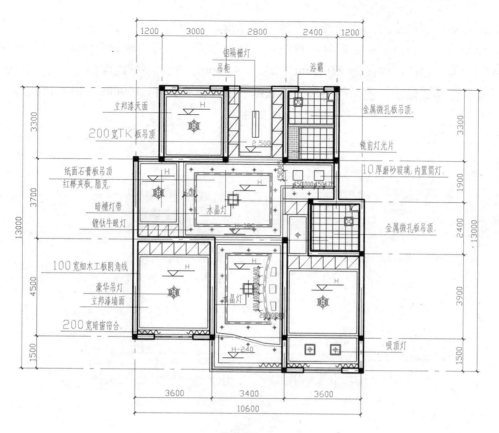

图 5-85　天花布置图

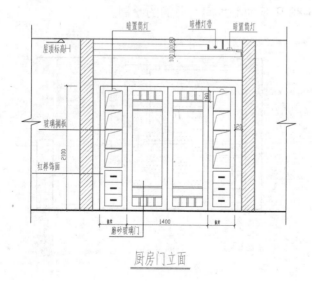

图 5-86　厨房门立面图

识图：本案例是厨房门立面图，厨房门采用磨砂玻璃门，门两侧布置玻璃隔板，木饰面采用红榉饰面。在玻璃隔板的顶部暗置筒灯，顶部的灯光设置除暗置筒灯外，还设置暗槽灯带。尺寸方面，玻璃门的高为 2100mm，宽为 1400mm，玻璃隔板距墙的距离为 120mm，其宽度根据实际情况确定。顶部的吊顶线从上到下依次是 80mm、100mm、100mm。

（4）完成如图 5-87 所示的厨房立面图的绘制。

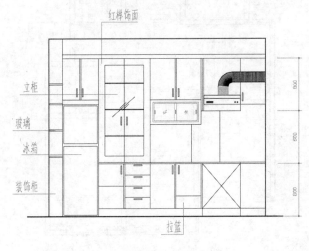

图 5-87　厨房立面图

识图：本案例是厨房的立面图，图中设施主要有冰箱、立柜、装饰柜、拉篮、吊柜和抽油烟机等。

（5）完成如图 5-88 所示的卫生间立面图的绘制。

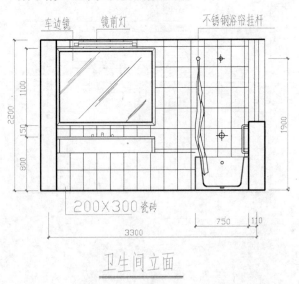

图 5-88　卫生间立面图

识图：本案例是卫生间的立面图，图中设施包括车边镜、镜前灯、面盆、浴缸等。墙面采用 200mm×300mm 的瓷砖铺设。尺寸方面：室内宽 3300mm，高 2200mm，墙厚 220mm，浴缸宽 750mm，面盆高 800mm，车边镜的下边缘距离地面 950mm，上边缘距离地面 2050mm，不锈钢浴帘挂杆距离地面 1900mm。

（6）完成如图 5-89 所示的次卧南立面图的绘制。

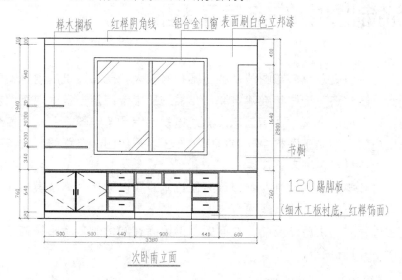

图 5-89　次卧南立面图

识图：本案例是次卧的南立面图，图中可以看到左边隔板的材质是榉木，窗框采用铝合金材质，右边是木书橱，下部是高度为 120mm 的踢脚板，采用细木工板衬底，红榉饰面，墙面采用白色立邦漆粉刷。

第 6 章

装饰装潢制图中的电气工程图

住宅装修工程中电气系统施工图涉及的范围相对较大，既有建筑的电气安装图、各种电子装置的电子线路图，还有近些年在建筑装修工程施工中专门用于表达电气设施与建筑结构关系的灯位图，以及照明电气、通信信息、有线电视的综合布线图等。从目前来看，与建筑装修工程有关的电气安装施工图样主要有电气平面图、系统图、电路图、设备布置图、综合布线图和图例、设备材料明细表等几种。

本章将讲解这几类图纸的绘制，希望读者通过本章可以掌握装饰装潢中常见电气工程图的绘制，了解电气工程图绘制的原理和方法。

本章在制图过程中不讲解涉及的标准问题，请读者在阅读时参考相关的电气制图标准，本章主要涉及以下几种标准：

- 电气制图国家标准 GB/T 6988。
- 电气简图用图形符号国家标准 GB/T 4728。
- 电气设备用图形符号国家标准 GB/T 5465-1996。
- GB6988.1-1997《电气技术用文件的编制一般要求》。
- GB4457《机械制图字体》。

NO.6.1

配电系统效果图

电气系统图是表现建筑室内外电力、照明及其他电器供电与配电的图样。它主要采用图形符号表达电源的引进位置、配电盘（箱）、分配电盘（箱）、干线的分布、各相线的分配、电能表和熔断器的安装位置、相互关系和敷设方法等。常见的住宅电气系统图有配电系统图、弱电系统图等。如图 6-1 所示为某住宅楼单元室内配电系统图。关于弱点系统图的绘制将在第 6.5 节讲解。

DZ47-63/40	ZM1	BV−2×2.5+1×2.5	CP20	WE	3.0KW	主卧
DZ47-63/40	ZM2	BV−2×2.5+1×2.5	CP20	WE	3.0KW	客卧
DZ47-63/40	ZM3	BV−2×2.5+1×2.5	CP20	WE	3.0KW	书房
DZ47-63/40	ZM4	BV−2×2.5+1×2.5	CP20	WE	3.0KW	餐厅
DZ47-63/40	DL1	BV−2×2.5+1×2.5	CP20	WE	5.0KW	客厅&餐厅
DZ47-63/40	DL2	BV−2×2.5+1×2.5	CP20	WE	3.0KW	洗衣间
DZ47-63/40	DL3	BV−2×2.5+1×2.5	CP20	WE	4.0KW	主卫
DZ47-63/40	DL4	BV−2×2.5+1×2.5	CP20	WE	4.0KW	客卫
DZ47-63/40	DL5	BV−2×2.5+1×2.5	CP20	WE	4.0KW	厨房

总进线

图 6-1　电气系统图

进到各个房间的线路是从配电箱出发，经过干线，再由通过各个支线路到达每个房间。本例中，包括 4 条照明线路，5 条动力线路，用于电器较多的客厅、洗衣间、卫生间和厨房。所有开关型号采用为"DZ47-63/C40"，线路采用两条截面为 2.5mm^2 的电线和一条截面为 2.5mm^2 的地线，并采用直径为 20mm 的金属软管保护，所有线路沿墙面暗铺。照明线路的功率为 3KW，通往洗衣间的动力线路的功率为 3KW，考虑到卫生间有浴霸，而厨房大功率的用电设施比较多，所以通往卫生间和厨房的动力线路功率为 4KW，客厅和餐厅的线路功率为 5KW。

先调入室内天花图，将室内天花图复制到新文件中，选择所有图形，单击"分解" 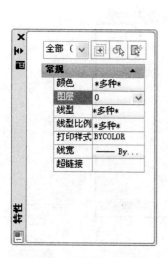 按钮，分解所有块对象为单个对象，单击"特性"按钮 ，打开如图 6-2 所示的对话框，修改图层为"0"层，并将文字和尺寸标注全部删除，修改后的效果如图 6-3 所示。

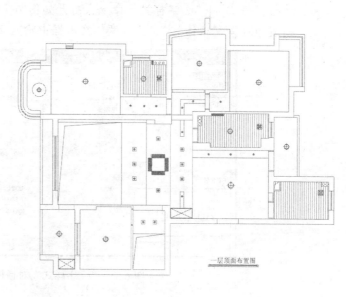

一层顶面布置图

图 6-2　"特性"选项卡　　　　　　　图 6-3　一层平面布置图

新建"电气系统图"图层，如图 6-4 所示。

图 6-4　新建"电气系统图"图层

将图形另存为"电气施工图"。配电系统图由图例表、系统图和施工说明组成，现在只绘制图例表和系统图。图例是配电图的一个重要组成部分，下面介绍几个常用图例的绘制方法，包括线路、双联开关和自动开关的绘制。

1. 线路图例的绘制

1 在屏幕任意空白位置绘制长 300、高 200 的矩形，然后将其分解，将左右两边线分别向两边偏移 300，效果如图 6-5 所示。

图 6-5　绘制和偏移矩形

2 连接两边偏移线和矩形两边线的中点，然后将两条偏移线删除，如图 6-6 所示。

图 6-6　绘制线路

3 执行"格式"|"文字样式"命令，打开如图 6-7 所示的对话框，在"字体名"下拉列表中选择"宋体"，在"高度"文本框中输入 200。

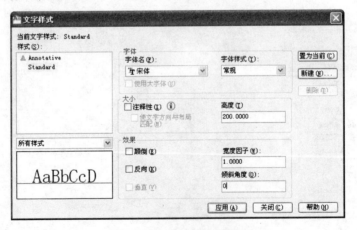

图 6-7　"文字样式"对话框

4 执行"绘图"|"文字"|"单行文字"命令，输入如下的命令：

```
命令:DTEXT                                    //执行"单行文字"命令
当前文字样式:  "Standard"  文字高度: 200.0000 注释性: 否
指定文字的起点或 [对正(J)/样式(S)]: j          //指定对正方式
输入选项
[对齐(A)/布满(F)/居中(C)/中间(M)/右对齐(R)/左上(TL)/中上(TC)/右上(TR)/左中(ML)
/正中(MC)/右中(MR)/左下(BL)/中下(BC)/右下(BR)]:m  //选择"中间"对正方式
```

指定文字的中间点：

5 使用"对象捕捉"和"极轴追踪"命令捕捉矩形的中心作为文字的插入点，先将光标放在矩形的左边线的中点向右拖动，然后将光标放在上边线的中点向下拖动，图形中会出现如图 6-8 所示的两条虚线，虚线的交点就是需要的中间点。

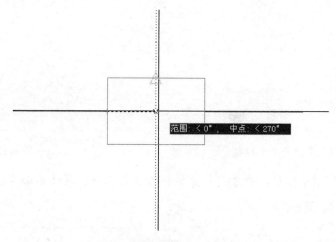

图 6-8　使用"极轴追踪"命令捕捉矩形中心

6 捕捉到矩形中点后，输入文字 ZM，按下回车键确定，删除矩形，电线图的绘制就完成了，如图 6-9 所示。

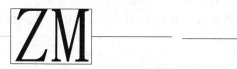

图 6-9　完成电线图的绘制

2．绘制开关图例

1 在屏幕空白处绘制长为 400 的直线，在其右端点向下绘制长为 100 的直线，并将其向左偏移 100，如图 6-10 所示。

2 选择所有开关图形，绕横向直线的左端点顺时针偏移 45°，然后以左端点为圆心绘制直径为 50 的圆，如图 6-11 所示。

图 6-10　绘制开关

3．绘制自动开关

1 将点样式修改为比较明显的样式。绘制一条长为 300 的竖直线，执行"绘图"|"点"

"定数等分"命令，将直线三等分，如图6-12所示。具体的命令行提示如下：

```
命令：_divide
选择要定数等分的对象：                                    //选择绘制的直线
输入线段数目或 [块(B)]：3
```

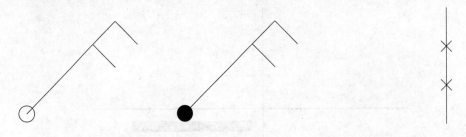

图 6-11　完成开关的绘制　　　　　　　　　　　　　　图 6-12　三等分直线

② 执行"修改"|"打断"命令，将直线分为3条直线，具体的命令行提示如下：

```
命令：_break
选择对象：
指定第二个打断点 或 [第一点(F)]：f
指定第一个打断点：                                    //指定其中的一个分点
指定第二个打断点：                                    //指定和第一个打断点相同的点
```

③ 利用相同的方法选择下一点，此时直线已由一条变成3条，选定直线就可以查看打断前后的变化。通过夹点编辑对中间直线进行编辑，删除下面的一个分点，将剩余图形向右复制50，复制两次。然后在中部绘制两条相距10的线，如图6-13所示。

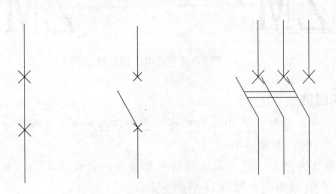

图 6-13　自动开关的绘制

图6-14 给出了电气图中常用的一些图例，熟悉这些图例对绘制电气图很有帮助。

图　例

序号	符号	名　称		型号及规格		单位	数量	备　注
1	▭	住户电表箱	暗装底边离地 1.4m	ZDBX-SWM-A		台	4	详见系统图(户外型)
2	▬	住户配电箱	暗装底边离地 1.8m	PZ30(R)-		台	8	详见系统图
3	⌂	单相二、三极组合插座	暗装底边离地 0.3m	~250V 10A		个	118	安全防护型
	⌂	单相二、三极组合插座	暗装底边离地 1.5m	~250V 10A	防溅式	个	28	安全防护型
	⌂	单相二、三极带开关组合插座	暗装底边离地 1.5m	~250V 10A	防溅式	个	4	安全防护型,用于洗衣机
	⌂	单相二、三极组合插座	暗装底边离地 1.5m	~250V 10A		个	16	安全防护型,脱排油烟机插座离地 2.3m
	⊥	单相三极插座	暗装底边离地 2.3m	~250V 16A		个		安全防护型,柜式空调插座离地 0.3m
4	✎	单控单极开关	暗装底边离地 1.3m	~250V 10A		个	80	
	✎	单控双极开关	暗装底边离地 1.3m	~250V 10A		个	16	
	✎	单控三极开关	暗装底边离地 1.3m	~250V 10A		个		
	✎	防溅式单控单极开关	暗装底边离地 1.3m	~250V 10A		个	12	
	✎	双控单极开关	暗装底边离地 1.3m	~250V 10A		个	32	
5	⊘	吸顶灯	吸顶	18W 节能灯		个		
	○	胶木平顶灯座	吸顶			个	72	
	✕	瓷质平顶灯座	吸顶			个	20	
	⊖	瓷质壁灯座	壁装底边离地 2.4m	18W 节能灯		个	24	
6	▭	信息配线箱	暗装底边离地 0.3m	CZ-02-B		个	4	
	▭	弱电过路箱	暗装底边离地 0.3m			个	4	
	Ⓘ	信息/电话出线盒	暗装底边离地 0.3m	RJ45/RJ11		个	16	
	Ⓣ	电话出线盒	暗装底边离地 0.3m	RJ11		个	8	
	Ⓥ	电视终端出线盒	暗装底边离地 0.3m	双孔		个	16	
7	✉	等电位联结端子箱	暗装底边离地 0.3m	TD22-R-II		个	12	

图 6-14　电气绘制图例

4．绘制系统图

1 在屏幕空白处绘制一条长为 15000 的直线，然后执行“绘图”|“文字”|“单行文字”命令，指定文字高度为 300，文字样式为“宋体”，在直线上添加如图 6-15 所示的文字。输入完成后，将文字稍作移动，使文字的下边缘与直线平齐。

```
DZ47-63/40 ZM1 BV-2X2.5+1X2.5 CP20 WE 3.0KW 房间
```

图 6-15　ZM1 线路的参数

以上各个参数的含义如下所示。

- “DZ47-63/40”：标识开关型号，额定功率为40A。
- “ZM1”：照明线路1的代号。
- “BV-2×2.5+1×2.5”：表示两条截面为2.5mm^{2}的电线与一条截面为2.5mm^{2}的地线。

- "CP20"：直径为20mm的金属软管保护。
- "WE"：表示线路沿墙面暗铺。
- "3.0KW"：本条线路的额定功率。
- "房间"：该线路的用电设备位置。

2 对已绘制的 ZM1 线路及其参数进行阵列，根据用电房间的数目确定阵列的行数，本例中阵列 9 行，间距为 500，阵列后效果如图 6-16 所示。

DZ47-63/40	ZM1	BV-2x2.5+1x2.5	CP20	WE	3.0KW	房间
DZ47-63/40	ZM1	BV-2x2.5+1x2.5	CP20	WE	3.0KW	房间
DZ47-63/40	ZM1	BV-2x2.5+1x2.5	CP20	WE	3.0KW	房间
DZ47-63/40	ZM1	BV-2x2.5+1x2.5	CP20	WE	3.0KW	房间
DZ47-63/40	ZM1	BV-2x2.5+1x2.5	CP20	WE	3.0KW	房间
DZ47-63/40	ZM1	BV-2x2.5+1x2.5	CP20	WE	3.0KW	房间
DZ47-63/40	ZM1	BV-2x2.5+1x2.5	CP20	WE	3.0KW	房间
DZ47-63/40	ZM1	BV-2x2.5+1x2.5	CP20	WE	3.0KW	房间

图 6-16　对 ZM1 线路进行阵列

3 对绘制好的图形进行修改，主要是修改用电房间的名字、线路的用途和进入每个房间线路的功率。一般对用电功率不大的卧室（主要用于普通的照明），全部使用照明线路，对用电器比较多的客厅、卫生间和洗衣间选用动力线路，如图 6-17 所示。

DZ47-63/40	ZM1	BV-2x2.5+1x2.5	CP20	WE	3.0KW	主卧
DZ47-63/40	ZM2	BV-2x2.5+1x2.5	CP20	WE	3.0KW	客卧
DZ47-63/40	ZM3	BV-2x2.5+1x2.5	CP20	WE	3.0KW	书房
DZ47-63/40	ZM4	BV-2x2.5+1x2.5	CP20	WE	3.0KW	孩房
DZ47-63/40	DL1	BV-2x2.5+1x2.5	CP20	WE	5.0KW	客厅& 餐厅
DZ47-63/40	DL2	BV-2x2.5+1x2.5	CP20	WE	3.0KW	洗衣间
DZ47-63/40	DL3	BV-2x2.5+1x2.5	CP20	WE	4.0KW	主卫
DZ47-63/40	DL4	BV-2x2.5+1x2.5	CP20	WE	4.0KW	客卫
DZ47-63/40	DL5	BV-2x2.5+1x2.5	CP20	WE	4.0KW	厨房

图 6-17　对系统图进行修改

4 添加总进线的图示，效果如图 6-1 所示。

电气系统图绘制完成后，从配电箱分出的每个房间的线路代号、走向和功率等参数已经确定，下面绘制室内照明平面图。

NO.6.2

照明线路图

照明电气平面图是指住宅的照明设备和配电线路的平面配置图样，主要表达各种家用照明灯具，配电设备（配电箱和开关），电气装置的种类、型号、安装位置和高度，以及相关线路的敷设方式和导线型号、截面、根数及线管的种类、管径等安装所应掌握的技术要求等，是住宅的室内装饰装修电气安装施工中的重要技术依据。

为了突出电气设备和线路的安装位置和安装方式，电气设备和线路一般在简化的建筑平面图上绘出，照明平面图上的建筑墙体、门窗、楼梯、房间等平面轮廓是用细实线严格按比例绘制的，但电气设备如灯具、开关、插座、配电箱和导线并不按比例画出它们的形状和外形尺寸，而是用粗实线绘制的图形符号表示。

住宅建筑装修常用的电气平面图有照明线路图、弱电平面图等。如图 6-18 所示为某别墅的一层照明线路图效果。

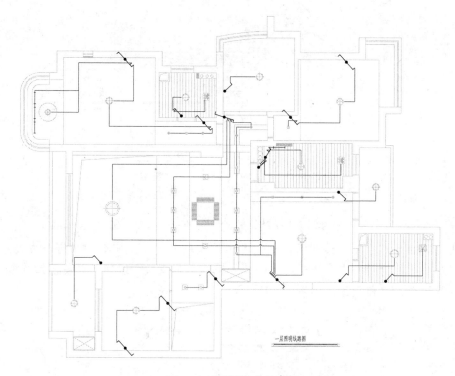

一层面明线路图

图 6-18　照明线路效果图

照明线路主要包括灯具、开关和线路 3 部分。为了方便施工人员识图，本案全部通过直角转弯来实现线路的布置，在线路的相交处，通过桥接的形式来实现非连接的线路。对于功率较小的筒灯和射灯，在同一个房间里比较多，采用串联的方式，而对于比较大的壁灯和吊灯，采用并联方式。本案中客厅有一个大的装饰吊灯，其他房间各有一个壁灯，卫生间有浴霸一个。开关的形式大多采用单联单控开关，楼梯灯采用单联双控开关，孩卧的吊灯采用单联双控开关，通过室内和玄关处的开关进行控制。

建立"照明线路"图层，电气单元和线路应选择醒目的颜色来凸显电气系统。

以下是照明线路平面图的具体绘制过程。

1 先绘制开关，选择需要的图例，插入到相应的位置即可。具体的绘制方法很简单，而且开关的位置不需要精确定位，插入结果如图 6-19 所示。

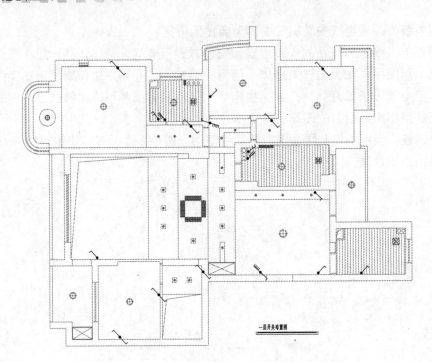

图 6-19　开关的绘制

2️⃣ 从主卧的吊灯出发，绘制线路到主卧内的双联开关；从阳台的吊灯出发，绘制线路到双联开关的另一支。绘制到主卧的线路尽量走直线，这样可以使图形看起来简洁，容易识图，方便施工，如图 6-20 所示。

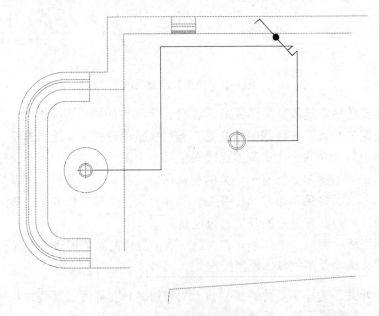

图 6-20　主卧内线路的绘制

3️⃣ 绘制阳台日光灯线路，先绘制日光灯。绘制长度为 70 的水平线，偏移 450，再连接两条直线的中点即可，如图 6-21 所示。

4 将绘制的日光灯阵列为三行一列，行偏移为 700，然后将阵列后的图形移动到阳台靠近墙壁的位置，如图 6-22 所示。

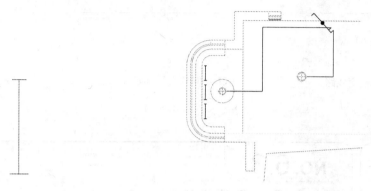

图 6-21　日光灯管的绘制　　　　　　　　图 6-22　绘制阳台日光灯

5 绘制日光灯的线路，串联 3 个日光灯，将其连到阳台吊灯的线路上，如图 6-23 所示。

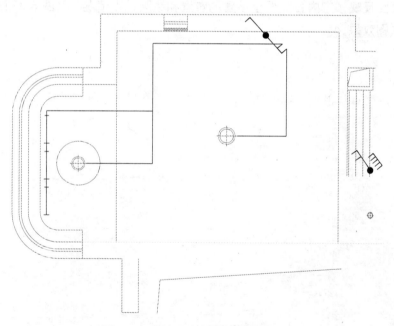

图 6-23　阳台日光灯线路的绘制

　　其他房间的绘制比较类似，只是在线路的交叉处应做一些处理，如图 6-24（a）所示的相交线路，先将竖直线向两侧偏移 50，以线路的交点为圆心，以偏移线和水平线的交点到圆心的距离为半径画圆，如图 6-24（b）所示。通过〝删除〞和〝修剪〞命令绘制如图 6-24（c）所示的图形。

　　其他房间线路的绘制和主卧相同，具体的绘制过程不再赘述，最终的绘制效果如图 6-18 所示。

（a）两条相交线路　　　　（b）偏移直线和绘制圆　　　　（c）修剪后的对象

图 6-24

NO.6.3
室内弱电系统平面图

弱电平面图反映了室内各类弱电装置的布置和线路铺设情况，如图 6-25 所示为某别墅的弱电系统平面图效果。

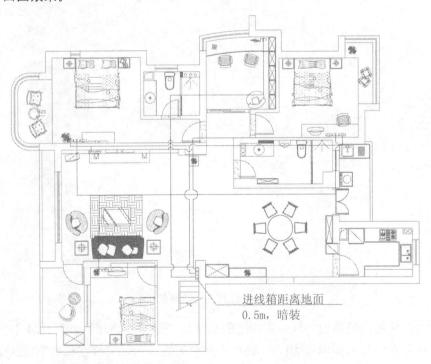

进线箱距离地面
0.5m，暗装

图 6-25　室内弱电系统效果图

室内弱电系统图主要表现网络插座、电视插座和电话插座等。室外弱电进户线先到达楼梯口的进线箱，进线箱分为 3 个部分：网络箱、电话箱、电视箱，进线箱暗装在距离地面 0.5m 的墙上。主卧、客卧和孩卧各布置一个电视插座，主卧、孩卧、书房和客房各布置一个网络插口，客厅，孩卧和主卧各布置一个电话插口。所有的线路采用在吊顶内暗铺，在线路交点处采用桥接的形式，线路尽量沿墙壁行走，以直线进行铺设，方便施工。

弱电施工图包括图例表、图题和比例尺，常使用的图例如图 6-26 所示。

——W——	网络线路
——TP——	电话线路
——TV——	电视线路
W	网络线路
TV	电话线路
TP	电视线路
W	网络进线箱
TV	电视进线箱
TP	电话进线箱

图 6-26　弱电施工图图例

弱电施工图比较简单，主要是室内弱电配电箱与各个房间插座的连接及各个房间插座的布置。操作步骤如下：

1 将"室内平面图纸图"绘制到新的文件中，命名为"弱电平面图"，将图形全选后分解。再全选所有图形，修改图形的图层为"0"层。新建图层，命名为"弱电层"。先绘制弱电配电箱的位置，如图 6-27 所示。

图 6-27　弱电配电箱的绘制

2 执行"绘图"|"直线"命令，绘制一条从配电箱引出的引线，添加如图 6-28 所示的文字说明。

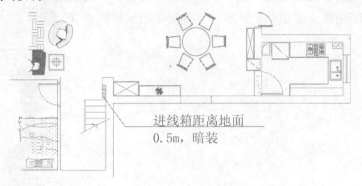

进线箱距离地面
0.5m，暗装

图 6-28　添加配电箱文字说明

3 下面绘制电视插座，电视一般放在卧室和客厅，所以在客厅、主卧和孩卧各设置一个电视插座。注意电视插座的绘制方式，就开口一侧朝向墙外，短直线的端点靠在墙的内壁上，如图 6-29 所示。

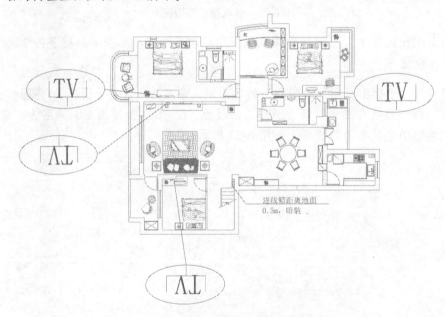

图 6-29　电视插座的绘制

4 下面绘制网络插座，绘制方法和电视插座相同。网络插座布置在主卧、客卧、孩卧和书房内，如图 6-30 所示。

5 绘制电话插座，在主卧、孩卧和客厅内各放置一个，放置在电视插座旁，如图 6-31 所示。

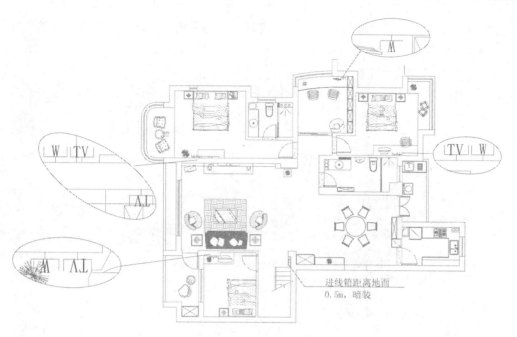

图 6-30　绘制网络插座

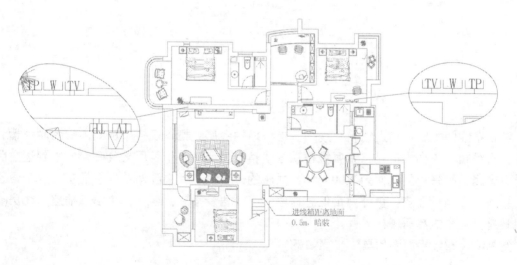

图 6-31　绘制电话插座

6 下面将配电箱和各插座相连，就完成了弱电平面图的绘制，绘制结果如图 6-25 所示。

NO.6.4
综合布线系统平面图

综合布线系统的施工是弱电工程近些年来发展起来的一种建筑集成化的配线安装方式，具有节约社会资源、简化施工工艺、标准化程度高的特点，如智能化建筑中各种设备、线路系统的综合敷设安装，它包括通信信息、有线电视、监控系统、远程检测作业信号的传送等。图 6-32 为某别墅的综合布线系统平面图。

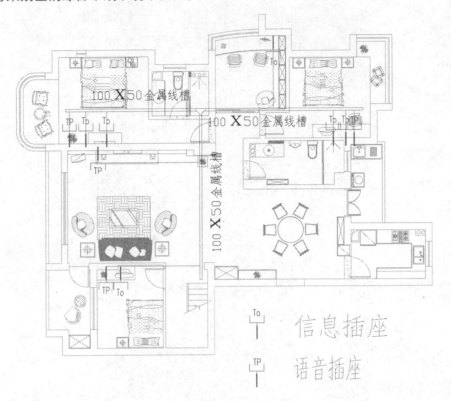

图 6-32　综合布线系统平面图

综合布线图主要包括进线箱、线路、走线路的金属线槽以及各个房间内的金属线槽。本案中，进线箱位于楼梯口处，金属线槽从进线箱出发穿过整个客厅再分开，分别到达主卧和孩卧。金属线槽采用的截面为 100×50，插座的分布如下：主卧两个信息插座、一个语音插座；书房一个信息插座；孩卧两个信息插座、一个语音插座；客厅一个信息插座；客房一个信息插座、一个语音插座。

绘制综合布线平面图的具体步骤如下。

1 将"室内平面图"绘制到新的文件中，命名为"综合布线平面图"，将图形全选后分解。再次选择所有图形，修改图形的图层为"0"层。新建图层，命名为"通信设备平面层"，并将其设为当前层。在绘制综合布线平面图前，应熟悉两个图例，如图 6-33 所示。第一个为语音插座图例，第二个为信息插座图例，数值 n 是信息孔的数量。

2 在"室内平面布置图"上将综合布线系统的语音点、数据点的图块插入到图中，可先插入一个图块，再复制到每一个房间的墙上，可以利用对象捕捉中的端点或最近点等方式将图块移动到墙上。

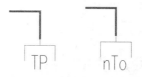

图 6-33　插座图例

3 对于标准间比较多的房间，可以先布置一个房间，然后将此房间一面墙的语音点及数据点复制到另一个标准间上，或将一面墙上的设备做镜像处理，可快速布置相同房间或墙上的设备，再根据工程的实际情况进行调整，设备布置完成后综合布线系统图如图 6-34 所示。

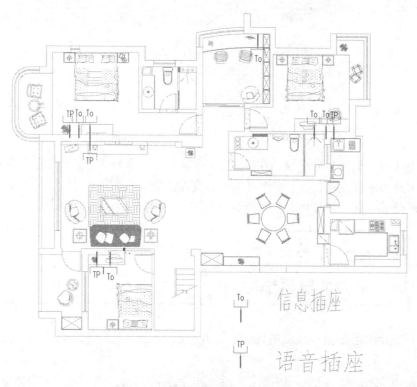

图 6-34　布置综合布线系统设备

4 根据建筑物的性质，在平面图中确定综合布线语音及数据线的路径。本案例比较简单，语音及数据线从弱电配电箱配出来后采用穿 TC 管暗敷。绘制综合布线系统的干线线槽。建立"桥架层"图层，干线用一对平行线表示，从配电箱出发，线槽转角处利用一组平行线并利用"倒角"命令及水平、垂直平行线闭合，即可绘制完成金属干线线槽。

5 利用文字标注的方法在线槽旁标注线槽尺寸，文字的标注方式和前面介绍的方式类似，这里不再赘述，金属干线线槽绘制完成后如图 6-35 所示。由于别墅的线路和弱电设备比较简单，一般不需要金属干线线槽，而是直接从配电箱出发到各个插座。本案例绘制金属干线线槽是为了介绍综合布线系统的绘制方法。

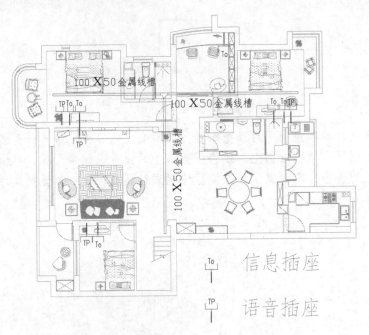

信息插座

语音插座

图 6-35　绘制综合布线系统干线线槽

 综合布线系统绘制完成后，即可绘制从金属线槽至各个语音及数据点的管线。平面图上以直线表示管线连接，在线槽中引出直线与语音及数据点连接，直线连接时应注意线路就近连接，保持图形的工整，避免交叉连接，绘制完成后的效果如图 6-32 所示。

NO.6.5
室内弱电系统图

在第 6.1 节介绍了配电系统图的绘制，这里主要介绍弱电系统图的绘制，图 6-36 为室内弱电系统图。

本案为某 6 层楼房的弱电系统图，包括：电话系统图、宽带网络系统图、有线电视系统图。电话系统信号由光纤引自城市电信网，总干线预埋 PVC25 至散水坡外，系统支干线的型号采用 HPVV-20(2X0.5)-PVC25-FC，用户分配线采用 HSYV5e-PVC25-FC。总干线进入一个 $200 \times 300 \times 150$ 的 20 对电话接线箱，终端家用多媒体配线箱的尺寸为 $350 \times 240 \times 120$。网络宽带系统的线路布置和电话系统基本类似，干线连接城市电信宽带网，线路型号采用 GYTY56-6-PVC25-FC，另一端和三楼网络设备箱连接，设备箱的尺寸为 $600 \times 600 \times 150$，内有一个 24 口网络交换机和一个光纤连接单元，进户直线的线路型号采用 2(HSYV5e)-PVC25-FC。有线电视网络中有一个有线电视放大器箱，尺寸为 $300 \times 400 \times 150$，设置在 3 层，有两个进线，一个是宽带网络进线，另一个是城市有线电视网进线，进线总干线的线路型号为 SYKV-75-12-PVC25-FC，进户分配线的型号为 SYKV-75-5-PVC25-FC。所有的线路采用直径为 25mm 的 PVC 管包裹。

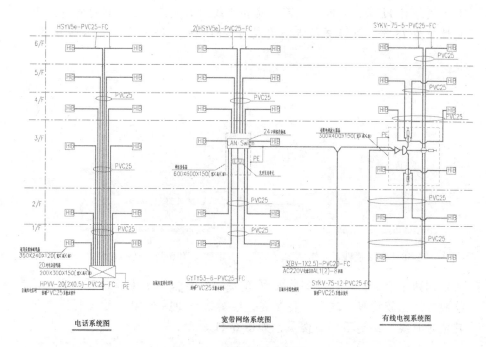

图 6-36 室内弱电系统图

绘制弱电系统图的具体步骤如下。

1 楼层的绘制不需要精确，但尽量简洁，对于设备比较多的楼层的层间距应该大一些，如本案的第三层，需要绘制大量的设备，所以在尺寸上要比其他楼层大，绘制结果如图 6-37 所示。

图 6-37 绘制楼层

2 绘制管线要先确定电话接线箱的位置，其在一楼的底端位置不需要十分精确，位置确定后，绘制电话接线箱，尺寸为 200×300×150。使用多线段绘制和室外城市网络连接的线路，多段线可以设置不同的线宽，用于区分不同的设备，绘制完毕后如图 6-38 所示。

3 上部线路有 12 条，为确定上部线路和接线箱的交点，在绘制时先将接线箱的上部直线等分为 13 份，注意要将点修改成明显的形式，等分后如图 6-39 所示。

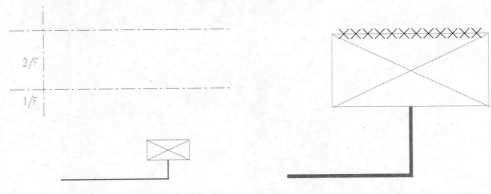

图 6-38   电话接线箱   图 6-39   等分配电箱的上部直线

4 从中间两个节点出发，绘制线路到 6 层，线路采用多段线绘制，宽度设为 45mm，绘制方法比较简单，这里不再赘述，绘制结果如图 6-40 所示。利用相同的方式绘制其他进户线，到达不同的楼层，如图 6-41 所示。

 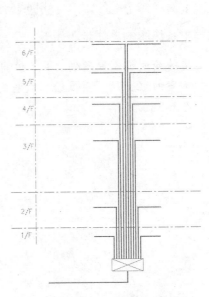

图 6-40   绘制 6 层的进户线   图 6-41   绘制其他进户线

5 在每个进户线端部放置一个家用多媒体配线箱，尺寸为 350×240×150，在绘图中不需要按实际尺寸绘制，只要求比例合适即可，文字样式可以采用工程字体，如图 6-42 所示。在每个进户线端部放置一个配线箱，如图 6-43 所示。

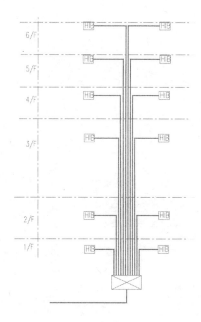

图 6-42　配线箱图示

图 6-43　绘制配线箱

6 进行文字和管线型号的标注时，因为所有的管线都是采用 PVC25 管进行包裹，绘制椭圆圈定所有管线，进行统一标注，效果如图 6-44 所示。

7 管线的标注很简单，直接将型号等标注在管线的上方即可，效果如图 6-45 所示。全部文字标注完成后如图 6-46 所示。

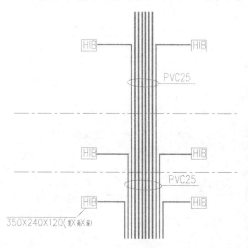

图 6-44　管道标注

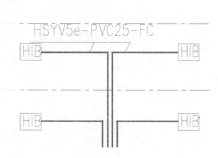

图 6-45　管线标注

8 宽带网络系统图的绘制方法大部分和电话系统图相同，不再赘述，下面绘制有线电视系统图。有线电视系统图的绘制关键在于有线电视放大箱的绘制，因为所有线路都经过放大箱引出。如图 6-47 所示在三楼绘制一个 5000×5000 的矩形，用于标识放大箱的位置。

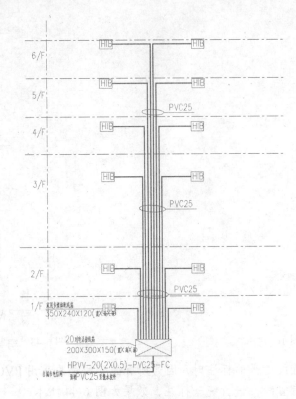

图 6-46　电话系统绘制完毕

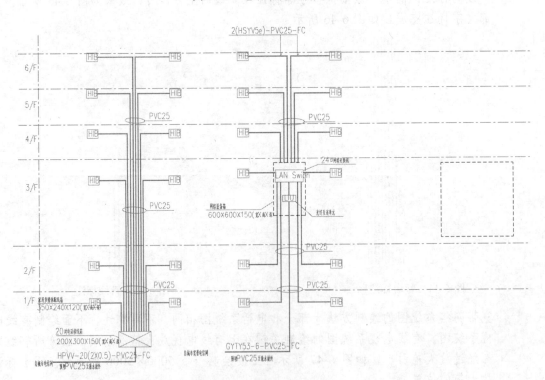

图 6-47　确定放大箱位置

9 连接矩形边的中点，作为辅助定位线，将矩形的左边线向右偏移1000，过偏移线与辅助线交点绘制长为 600 的直线，中点为交点。用刚绘制的线为三角形的一条边绘制一个等边三角形，得到双向用户放大器，绘制过程如图 6-48 所示。

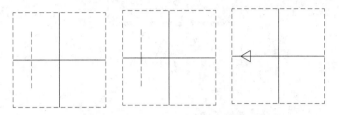

图 6-48　绘制双向用户放大器

10 以矩形中心为顶点绘制一个半圆弧，半径为400，将半圆弧封闭后向左侧平移500，绘制效果如图 6-49 所示。

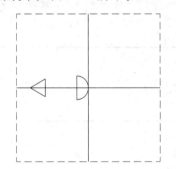
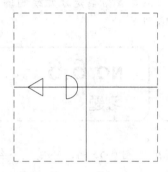

图 6-49　绘制双向三分配器

11 绘制 75 Ω 终端负载电阻，绘制方法很简单，绘制过程省略，具体尺寸如图 6-50 所示。

12 以矩形中心为圆心，绘制一个半径为 70000 的圆，然后将绘制好的电阻图例插入到如图 6-51 所示的位置。

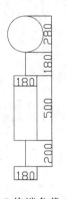
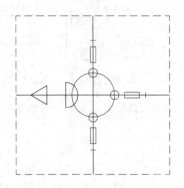

图 6-50　"75 Ω 终端负载电阻"图例尺寸　　　图 6-51　将绘制的电阻图例插入到相应的位置

13 连接各种线路，线路的绘制和电话线路图相同，这里不再赘述。绘制结果如图 6-52 所示。

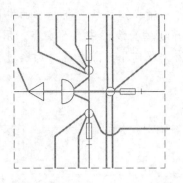

图 6-52　有线电视放大器箱中的线路

14 有线电视系统图的线路绘制完成后，和电话系统图一样，要进行线路和元器件的标注。但是线路不是分开绘制的，而是要统筹安排整个系统图，最终的绘制效果如图 6-36 所示。

NO.6.6

习题

（1）完成如图 6-53 所示的综合布线系统图的绘制。

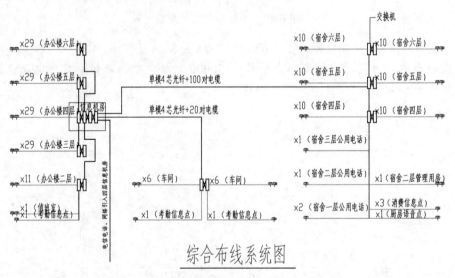

图 6-53　某建筑物的综合布线图

识图：本图样是某建筑的综合布线系统图，电信电话网络引入到位于办公楼 4 层的信息机房后，分成三路：一路和办公楼各层的配线架相连后连接到各层的弱电系统；一路采用单模 4 芯光纤+20 对电缆布线和车间的配线架相连后，和考勤信息点、车间夹层的弱电系统相连；另一路采用单模 4 芯光纤+100 对电缆布线后和宿舍相连，和办公楼相同，在宿舍的 4 层、

5 层、6 层布置配线架，然后和其他辅助用房（如管理用房、厨房等）相连。

（2）绘制如图 6-54 所示的配电系统图。

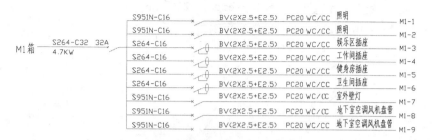

图 6-54　某建筑的配电系统图

识图：本图样是某建筑的 M1 配电箱的配电系统图，总进线的开关型号采用 S266-C32，总容量为 32A，总功率为 4.7KW，其余各进线的开关，对于 M1-1、M1-2、M1-7、M1-8、M1-9 的回路采用 S951N-C16 型号，其余各回路均采用 S266-C16 型号。所有线路统一采用两条截面直径为 2.5mm 的电线和一条截面直径为 2.5mm 的地线，采用截面直径为 20mm 的金属软管保护。在用途方面，线路 M1-1 和 M1-2 用于照明，M1-3 用于娱乐区插座，M1-4 用于工作间插座，M1-5 用于健身房插座，M1-6 用于卫生间插座，M1-7 用于室内壁灯，M1-8 和 M1-9 用于地下室空调风机盘管。

（3）绘制如图 6-55 所示的照明平面图。

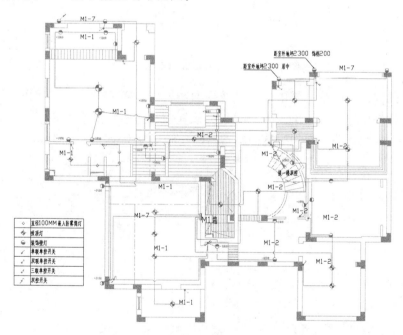

图 6-55　某别墅地下室的照明平面图

识图：本图样是某别墅地下室的照明电路图。照明线路主要包括灯具、开关和线路三部分。本题的线路绘制为了方便施工人员识图，基本通过直角转弯来实现线路的布置，在线路的相交处，通过桥接的形式来实现非连接的线路。对于功率较小的筒灯和射灯，在同一个房间里比较多，采用串联的方式，而对于比较大的壁灯和吊灯，采用并联方式。所有的线路从配电箱 M1 中引出。室外装饰壁灯距离室外地坪高 2300mm。

　　（4）绘制如图 6-56 所示的弱电系统平面图。

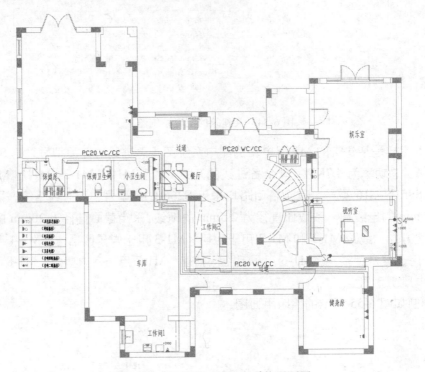

图 6-56　某别墅一层弱电系统平面图

　　识图：本图样是某别墅一层的弱电系统平面图，配电箱位于车库，管线从配电箱引出后和各个房间的插座相连，插座的形式主要包括双孔信息插座、网络插座、电话插座、有线电视、卫星电视。除此之外，在视听室内布置音响二眼插座两个、音响四眼插座一个。

第 7 章

装饰装潢制图中的给排水工程图

给排水工程在室内装饰装修工程中是比较重要的工程之一，尤其是在家庭的装饰装修中，几乎每个家庭都会涉及到这个项目，城市住宅中居住条件较好的住宅楼的给排水工程量相对较多，常见的工程有卫生间、厨房内的给排水施工改造与安装等。

从总体来看，给排水的施工图主要包括施工说明、给排水平面图、给排水工程系统图、室内给排水工程剖面图、给排水设备安装图和给排水安装详图等，但是涉及到住宅建筑中的家庭居室装修改造时，上述多数图样有些很少接触，常用的主要是给排水平面图、室内给排水工程系统图、给排水详图、消防喷淋系统平面图、消防喷淋系统图等几种。

本章在制图过程中不讲解涉及的标准问题，请读者在阅读本章时参考相关的给排水制图标准，主要涉及到的标准有以下两种。

- GB/T50106-2001《给水排水制图标准》。
- GB/T 50001-2001《房屋建筑制图统一标准》。

NO.7.1
给排水平面图

室内给排水平面图是在建筑平面图的基础上，根据给排水工程制图标准的规定绘制的，是反映给水排水设备、管网平面布置情况的图样，也是室内给排水安装图中最基本和最重要的组成部分。对于不太复杂的中、小型住宅工程，可以将给水和排水平面图绘制在同一张图样中。

室内给排水平面图采用与建筑平面图相同的投影方法。这种图样不仅反映卫生设备、管道的布置、建筑的墙体、门窗孔洞等内容，还表达了给排水设备、管线的平面位置关系等。

室内给排水平面图中的管道具有很强的连贯性，从用水设备开始，顺着给水管道上溯就可以找到室外水源，顺着排水管道下行同样能够找到室外检查井或化粪池。图 7-1 为某别墅的一层给排水平面图。

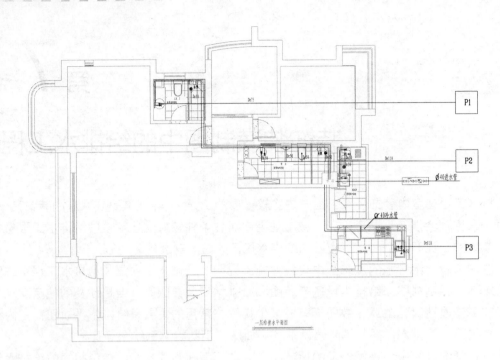

图 7-1　给排水平面图

　　给排水平面图主要包括构件详图和管线的绘制。本案中，一层包括两个卫生间、一个厨房、一个洗衣间。给水管道包括热水管道和冷水管道，热水管道又包括进水管道和回水管道，两者组成一个回路。室外管网的水进入水箱后再到达各个房间，根据水箱和用水设备的相对位置，给水管道分为 3 条，分别为厨房、洗衣间和两个卫生间。进水管道和排水管道的直径都是 40，排水管道也分为 3 路，分别从主卫、厨房、客卫和洗衣间的地漏出发，经过排水管道到达室外的 3 个排污池。排污池 1 的主干管的管径为 De75，排污池 2 和排污池 3 的主干管的管径为 De110，连接地漏和干管的管线的管径均为 De50。

　　绘制排水平面图的具体步骤如下。

1 调出"一层平面布置图"，打开新的图形模板，将"一层平面布置图"复制到空模板中，将其保存为"给排水平面图.dwg"。

2 删除尺寸、文字标注和除卫生间、厨房、洗衣房以外的所有家具布置，如图 7-2 所示。

3 按下组合键 Ctrl+A，选择全部图形，双击图形打开"特性"选项板，在"颜色"下拉列表中选择"颜色 8"，即灰色，在"图层"下拉列表中选择 0 层，如图 7-3 所示。此时，所有的图形全部在 0 层上，颜色为灰色，这样在绘制给排水图时，不会受到布局图的干扰，修改后的布局图如图 7-4 所示。

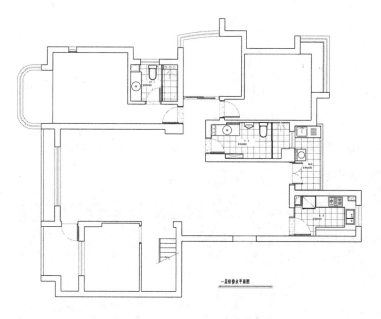

图 7-2　删除不需要的家具布置

图 7-3　"特性"选项板

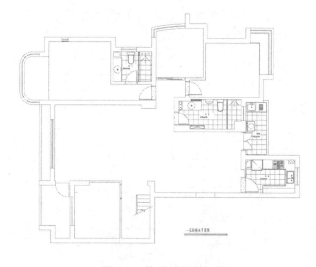

图 7-4　修改后的布局图

4️⃣ 打开"图层"对话框，新建"给排水"图层。

5️⃣ 淋浴器的绘制效果如图 7-5 所示。执行"绘图"|"直线"命令，绘制长为 1400 的竖直线段，在直线底端绘制一条水平线，将其向上平移 400，确定止水阀的位置，如图 7-6 所示。

图 7-5　淋浴器效果图　　　　　　　　　图 7-6　通过偏移直线确定止水阀的位置

6 绘制止水阀，具体的命令行提示如下：

```
命令：c
CIRCLE                                      //用"圆"命令绘制止水阀
指定圆的圆心或［三点(3P)/两点(2P)/相切、相切、半径(T)］：
                                            //拾取竖直线与偏移生成的竖直直线的角点作为圆心
指定圆的半径或［直径(D)］<30>：              //指定圆的半径为30
命令：line
指定第一点：                                //指定止水阀的圆心为第一点
指定下一点或［放弃(U)］：@-150,-150          //输入下一点的相对坐标
指定下一点或［放弃(U)］：                    //按下ENTER键
```

7 再以刚绘制的直线的下端点为中点，绘制一个长度为 300 的竖向直线作为手柄，绘制完成后如图 7-7 所示。

8 使用"直线"命令绘制莲蓬头上部的水管，捕捉立杆最上端作为直线绘制的第一点，第二点的坐标为(@-150,-150)，第三点的坐标为(@-21,-142)，效果如图 7-8 所示。

图 7-7　绘制手柄　　　　　　　　　　　图 7-8　绘制莲蓬头上部连杆

9 绘制莲蓬头，先绘制 240×120 的矩形，捕捉矩形上边线的中点和下边线的两个端点，连接中点至两个端点，对矩形进行修改，效果如图 7-9 所示。将绘制好的莲蓬头复制到需要的位置即可。

图 7-9　莲蓬头的绘制过程

10 其他的图例比较简单，但应注意尺寸要准确，这样绘制的图才会比较协调。

11 绘制进水管，从水箱引出长为 5000 的直线，在其上标注文字"Φ40 进水管"，文字标注方法与上一章相同，在进水管的直线上插入一个矩形，里面放置水表和信号阀之类（各种元件的尺寸如图 7-10 所示）的元件，如图 7-11 所示。

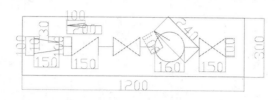

图 7-10　元件尺寸

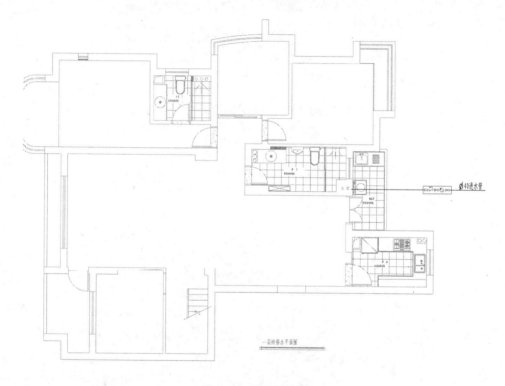

图 7-11　绘制进水管

12 再绘制冷水管前，先绘制如图 7-12 所示的止水阀，横向直线长度为 50，竖向直线为 350，圆直径为 60，圆心到上直线的距离为 80，这里不再具体绘制。

13 冷水管的尺寸不需要特别精确，直线从水箱引出，应经过每一个用水设备，再各插入一个止水阀即可。管线的走向应靠近墙体，以直线转角为主，避免绘制的杂乱无章。采用直径为 40，以蓝色标识的冷水管，绘制效果如图 7-13 所示。

图 7-12　止水阀

14 热水管的绘制和冷水管类似，但热水管包括热水进水管和热水回水管组成的回路，止水阀应绘制在进水管上，以红色标识。热水管的绘制如图 7-14 所示。

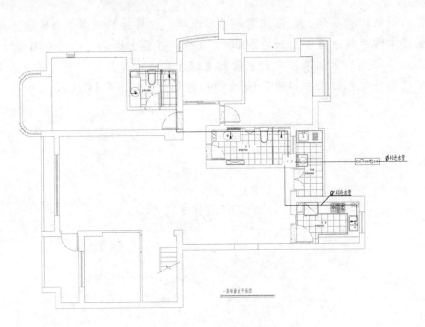

图 7-13　冷水管的绘制

图 7-14　热水管的绘制

15 地漏有两种，一种是普通地漏，半径为 160，另一种是带洗衣机插口的地漏，外圆半径为160,内部方形边长为140,如图 7-15 所示。将两种地漏插入到合适的房间里，普通地漏插入到卫生间的淋浴间，带洗衣机插口的地漏插入到洗衣间，方法比较简单，这里不再赘述。

普通地漏

带洗衣机插口地漏

图 7-15　两种地漏形式

16　排水管线一般是从地漏或用水设备出发，连到排污池内，用青色表示。以主卫 1 为
　　例演示排水管线的绘制方法。从洗手池的地漏开始，以地漏为圆心，绘制直径为 25
　　的圆形，表示排水管道。以管道圆心为起点，引出直线到别墅外，这是排水的主管
　　道。从淋浴间的地漏开始，引出一条直线到主管道，主管道的外径为 75，支管道的
　　外径为 50。主管道引出别墅后，绘制边长为 1000 的矩形，表示排污池。最后图形
　　如图 7-16 所示。其他排水管道的绘制方法和卫生间的排水管道的绘制方法相同，这
　　里不再赘述，如图 7-17 所示。

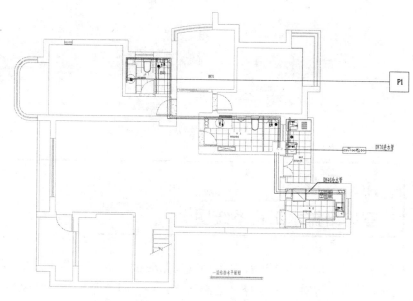

图 7-16　卫生间排污管道绘制

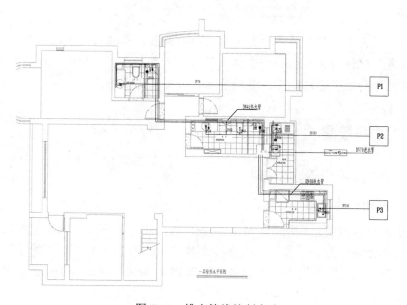

图 7-17　排水管线绘制完成

17 绘制图例来说明图形中各个图例的意义，绘制方法前面已经讲过，绘制效果如图 7-18 所示。

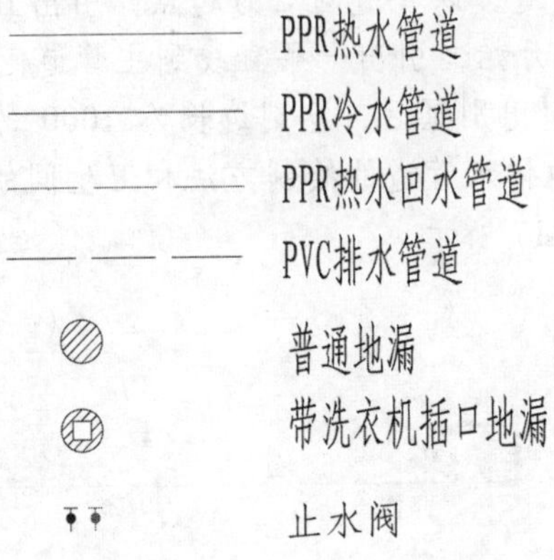

PPR热水管道
PPR冷水管道
PPR热水回水管道
PVC排水管道
普通地漏
带洗衣机插口地漏
止水阀

图 7-18　图例

NO.7.2
室内给排水工程系统图

各种公共与民用建筑的给排水管道都是纵横交错敷设的，为了清楚地表达整个管网的连接方式和走向，通常采用斜等轴测图来分别绘制给水系统、排水系统的工程系统图，用单线线型和图例表示管线及各种配件。如果各楼层间的布置格局、设备相同则可只画一层，其余的楼层标注明确即可。给排水系统图主要包括以下几点。

- 管网的相互关系：整个管网中各楼层之间的关系、管网的相互连接及走向关系。
- 管线上各种配件的关系：如检查口、阀门、水表、存水弯的位置和形式等。
- 管段及尺寸标准：管路编号、各段管径、坡度及标高等。

7.2.1　冷水给水系统图

图 7-19 为冷水给水系统图的效果图。

1. 冷水给水系统图的识图

本案例的别墅分为两层：一层用水设备较多，包括主卫、客卫、洗衣间和厨房里的各项设备，且相对分布比较分散；二层用水设备少而集中，只有主卫和客卫。给水方式采用室外给水管网供水，经室内水箱到各个用水设备，采用 PVC 管道，接市政管网的主管道的直径为 DN70，一层管网的管道直径为 DN40，其他连到用水设备的管道直径为 DN25。

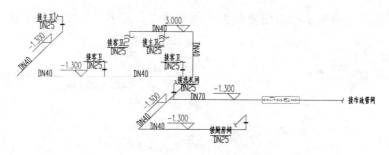

图 7-19 冷水给水系统图

2. 冷水给水系统图的绘制

在绘制系统图前，先说明几个在系统图中常用到的图例，如图 7-20 所示，这里不再具体绘制。

建筑给排水施工图例

图 例	名 称	图 例	名 称
	肘式龙头		水表
	角阀		减压孔板
	截止阀		温度计
	普通水龙头		电接点压力表
	闸阀		洗涤盆
	止回阀	YC	隔油池
	过滤器		淋浴器 淋浴喷头
	倒流防止器		浴盆龙头
	信号闸阀 信号蝶阀		洗脸盆龙头
	报警阀		
	安全阀		洗脸盆
	减压阀		浴盆
	自动排气阀		淋浴间
	水泵接合器		坐便器
	水流指示器		蹲便器
	湿式报警阀组		立式、挂式小便斗
	无水封地漏		雨水口
	带洗衣机插口地漏		排水栓
	网框式地漏	给 3……	给水引入管
	清扫口	W 3……	污水出户管
	通气帽	3……	雨水出户管
	检查口	给 3……	废水出户管
	存水弯	XH 3……	消火栓给水引入管
	压力表		

图 7-20 建筑给排水施工图例

203

关闭其他图层，将给排水平面图复制到新的文件中，命名为冷水给水系统图，如图 7-21
所示。

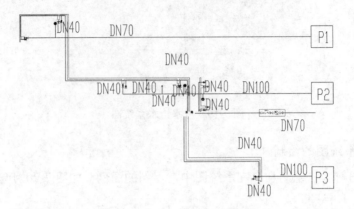

图 7-21　给排水平面图

给排水系统图是平面图中的立体图，垂直方向的线段长度是平面图中的 0.707，垂直方向
改为 45°方向。然后绘制高度（Z 方向）对象，Z 方向的长度可以不按实际情况绘制，系统
图的绘制一般按下列步骤绘制。

- 复制给水平面图形，将 Y 轴方向缩放为 0.707 倍。
- 将 Y 轴向的图形旋转 45°，注意选转点的选择，然后进行图形移位。
- 绘制 Z 轴向的图形。

下面按上述步骤绘制系统图。

1 在给排水平面图中删除除冷水给水之外的一切对象，如图 7-22 所示。

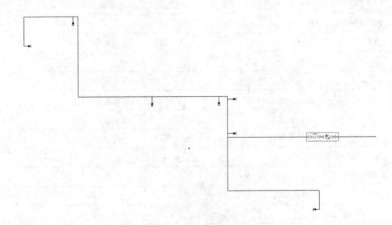

图 7-22　冷水供水管网

2 本案的给水方式是由室外供水给水管网注水到室内水箱，再由室内水箱供水到各个
用水设备，为了绘图方便，将各个管线在水箱处相交。

3 将全图在 Y 方向上缩小 0.707，方法如下：

- 执行"绘图"|"块"|"创建"命令，打开如图7-23所示的"块定义"对话框。

图 7-23 "块定义"对话框

- 在"名称"下拉列表中选择"冷水给水系统图"，单击"拾取点"前面的按钮，在屏幕任意位置单击左键并单击左上角的点，对话框中将自动显示选取点的坐标，单击"选择对象"按钮，在屏幕上选择全图，然后单击对话框中的"确定"按钮，块创建完毕。
- 绘制完冷水给水系统图后，执行"插入"|"块"命令，打开如图7-24所示的对话框。

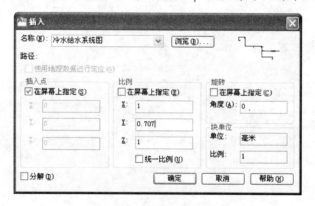

图 7-24 "插入"对话框

- 在"比例"选项组中将Y的值改为0.707，单击"确定"按钮，在屏幕空白处指定一点，即插入所绘制的图形。
- 选择刚插入的图形，单击"分解"按钮，打开后的图形可以进行编辑，如图7-25所示。

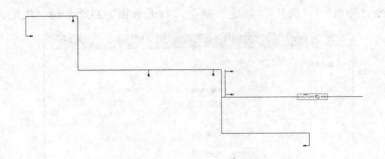

图 7-25　冷水给水系统图

- 此时会发现和插入前的图形相比，Y方向明显变小了。

4 通过旋转轴线绘制系统图，选择两条线段和其左边的对象，如图 7-26 所示。

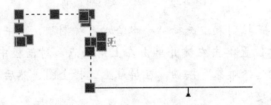

图 7-26　选择将要旋转的对象

5 执行"修改"|"旋转"命令，将选择区域向顺时针方向旋转 45°，具体的命令行提示如下，旋转后的效果如图 7-27 所示。

```
命令：_rotate
UCS 当前的正角方向： ANGDIR=逆时针  ANGBASE=0
找到 10 个                          //选择将要选转的对象，如图 7-26 所示
指定基点：(点击线段 1 的下端)
指定旋转角度，或 [复制(C)/参照(R)] <0>： -45   //指定旋转角度为顺时针旋转 45°
```

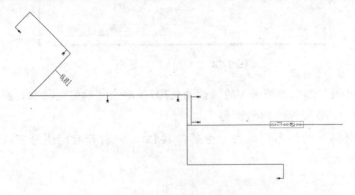

图 7-27　旋转对象

6 这里的目的是将竖直线旋转，但如果只旋转线段 1，则在竖直线旋转后，由于线段长度的不同，水平线和旋转后的竖直线将不能很好地连接，所以将线段 1 左侧的线

段全部旋转, 然后再将其他线反向旋转, 如图 7-28 所示, 选择线段 1 左侧的所有对象, 再以线段 1 的顶端为旋转基点向逆时针方向旋转 45°, 效果如图 7-29 所示。

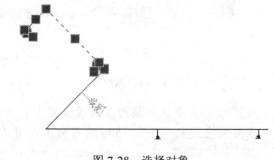

图 7-28　选择对象

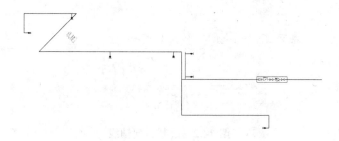

图 7-29　旋转选择对象

7 利用同样的方法旋转左侧的图形对象, 最后的绘制效果如图 7-30 所示。

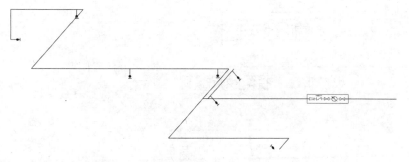

图 7-30　图形旋转完成

8 对绘制好的图形进行修改, 将用水设备省去, 并用文字标明, 修改后的效果如图 7-31 所示。

第7章

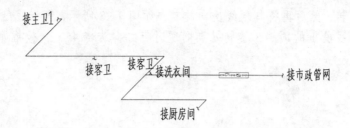

图 7-31　修改系统图

⑨ 绘制位于轴线的管道图形，直接从一层的客卫管道向上引出进水管，向二层供水。可在客卫附近的角点处向上绘制一条长 1500 的指向，如图 7-32 所示。

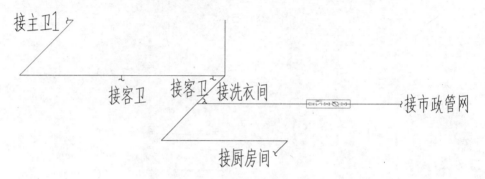

图 7-32　绘制 Z 向轴线

⑩ 绘制二层的冷水给水系统图时比较简单，只有客卫 2 和主卫 2 两个用水房间，如图 7-33 所示，这里不再赘述。

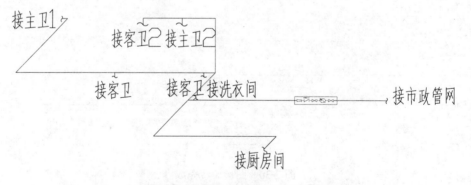

图 7-33　绘制二层冷水给水系统图

⑪ 此时会发现一层用水设备和给水管网在一个水平面上，这是不符合实际情况的，一般将水管网埋在地面以下，所以还要对图形进行修改，将一层用水设备在 Z 轴向上提升，使其在地面以上。以主卫 1 的用水设备为例，绘制如图 7-34 所示的图形。

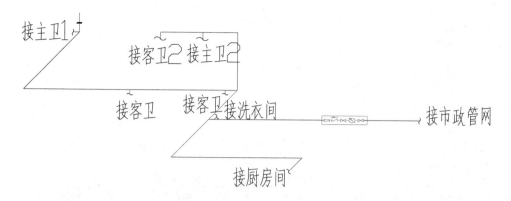

图 7-34　绘制主卫 1 的竖向管道

12 将主卫 1 的用水设备移动到新标高上，如图 7-35 所示。利用同样的方法修改一层其他的用水设备，如图 7-36 所示。

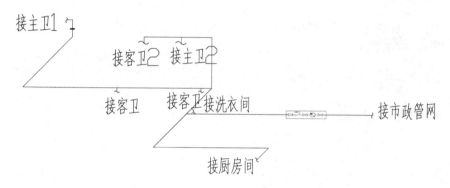

图 7-35　提升主卫 1 到新标高

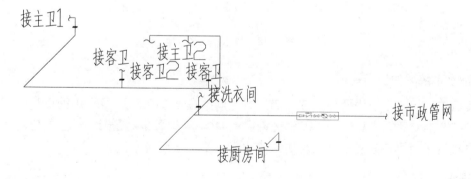

图 7-36　提升其他用水设备到新的标高

13 标注标高，地下管网的标高为–1.300m，地面的标高为 0.000m，二层楼面的标高为 3.000m，标高的标注方式和平面图中类似，如图 7-37 所示。

14 标注管径，管径用公称直径标识，具体的标注如图 7-19 所示。

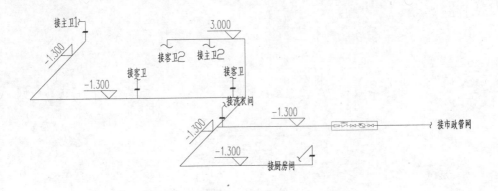

图 7-37　标高标注

至此，冷水给水系统图绘制完成。

7.2.2　排水系统图

如图 7-38 所示为排水系统图。

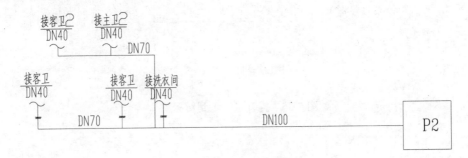

图 7-38　排水系统图

1. 排水系统图的识图

本案例中的排水系统由两层组成，二层卫生间的废水经直径为 DN40 的自身管道汇入到直径为 DN70 的支路管道，然后向下到达直径为 DN100 的总排水管道，一层的应用水设备也是先经自身管道后再汇入支管，然后进入排水管，最后汇到排水池内。

2. 排水系统图的绘制

排水系统图和给水系统图相比，排水系统中排水比较分散，一般根据排水不同的排水池来分别绘制。本案例分为 3 个排水系统图，绘制方法相同，现在绘制其中比较复杂的一个，如图 7-39 所示。

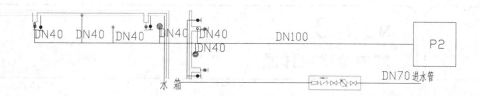

图 7-39　需要绘制的排水系统图

1 删除排水平面图以外的其他图形对象，如图 7-40 所示。

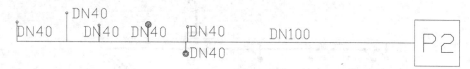

图 7-40　P2 排水平面图

2 由于本排水平面图比较简单，所以直接绘制。将上图中的用水设备删除，保留用水房间的绘制即可，如图 7-41 所示。

图 7-41　删除用水设备

3 将用水设备的位置在 Z 方向上抬高，绘制方法和冷水给水系统中相同，绘制效果如图 7-42 所示。

图 7-42　Z 轴向上提升用水设备位置

4 二层用水设备的排水系统图的绘制过程与冷水给水系统图的绘制过程相同，效果如图 7-43 所示。

图 7-43　绘制二层排水系统图

5 进行文字和管径的标注，绘制结果如图 7-38 所示。

NO. 7.3
室内给排水详图

　　室内给排水详图又称大样图，是假设将给排水平面图或给排水系统图中的某一结构或位置剖切后绘制的放大图样，能够详细表达该结构或位置的安装方法。如图 7-44 所示为客卫给水系统的大样图。

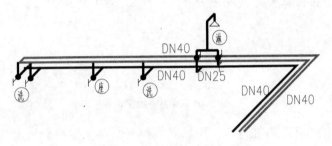

图 7-44　客卫给水系统大样图

　　此图详细标注了客卫给水的管道布置、管道直径大小、用水设备的类型和相对位置，是对系统图的补充。本案例的用水房间包括一个座便器、一个洗手盆、一个淋浴、一个拖把池，给水管径为 DN40，连接用水设备和主干管的管径为 DN25。

　　绘制客卫大样图的具体步骤如下。

1 打开客卫平面图，将平面图统一放置在 0 层，颜色改为灰色，如图 7-45 所示。

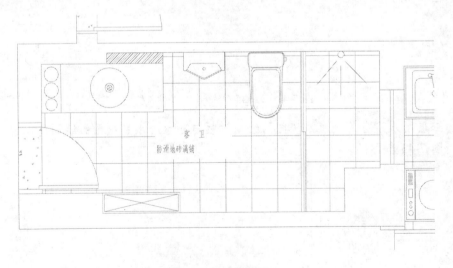

图 7-45　客卫平面图

2 将客卫平面图复制到新文件中，保存文件为"客卫给排水大样图"。新建图层如图 7-46 所示。

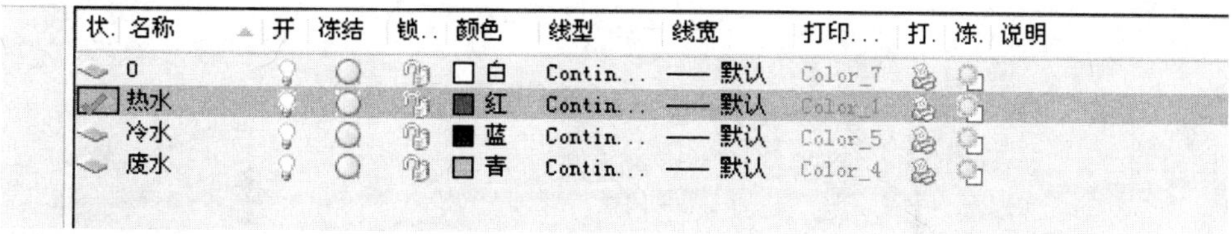

状.	名称	▲	开	冻结	锁.	颜色	线型	线宽	打印...	打.	冻.	说明
⊜	0		⭘	⭘	⚲	□白	Contin...	—— 默认	Color_7	🖨	☐	
⬜	热水		⭘	⭘	⚲	■红	Contin...	—— 默认	Color_1	🖨	☐	
⊜	冷水		⭘	⭘	⚲	■蓝	Contin...	—— 默认	Color_5	🖨	☐	
⊜	废水		⭘	⭘	⚲	□青	Contin...	—— 默认	Color_4	🖨	☐	

图 7-46　新建图层

3 绘制热水水管，执行"绘图"|"多段线"命令，设定线宽为 25，热水水管在绘制时尺寸不要求很精确，靠近墙体绘制进水和回水管，如图 7-47 所示。

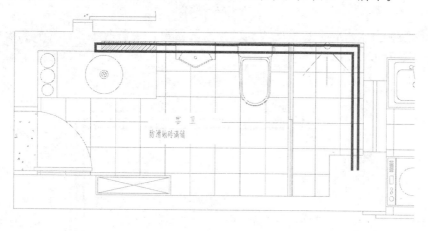

图 7-47　绘制热水水管

4 绘制给水部件，在给水管道的淋浴设备处先绘制一小段管道，然后在其端部插入如图 7-48 所示的给水部件。

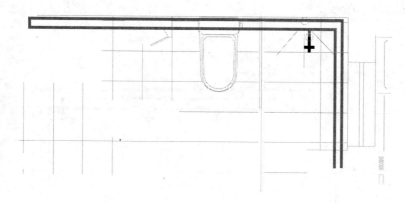

图 7-48　插入给水部件

5 利用同样的绘制方法在洗手台处插入给水部件，如图 7-49 所示。

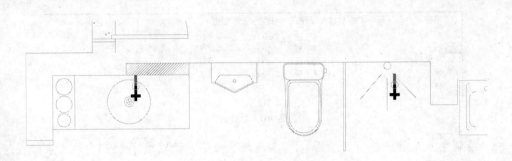

图 7-49　洗手台处插入给水部件

6 下面绘制冷水水管。切换图层到"冷水"图层，绘制从水箱出发的多段线，绘制结果如图 7-50 所示。

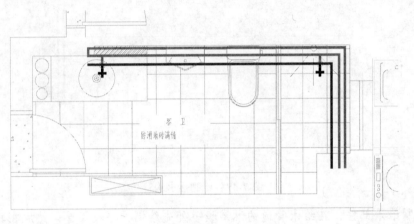

图 7-50　绘制冷水水管

7 在淋浴和洗手台处插入给水附件，并用"剪切"命令修剪圆圈内的管线，如图 7-51 所示。

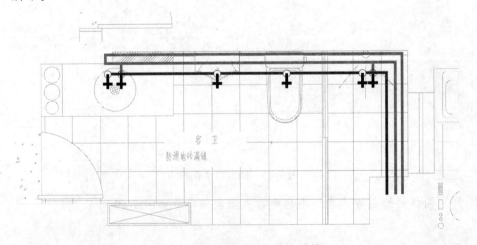

图 7-51　冷水管线插入给水附件

8 绘制废水管线，切换图层到"废水"图层，废水管线的绘制很简单，只要将各个用水设备的排水口连接到总管即可，如图 7-52 所示。

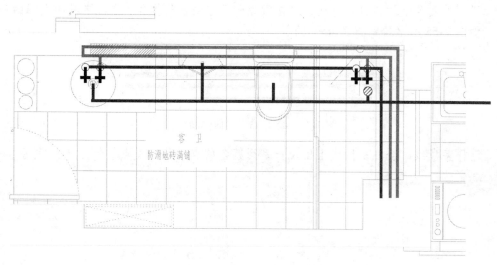

图 7-52　排水管道平面图绘制

9 排水系统图的绘制方法比较简单，和给水系统比较类似。关闭除"热水"和"冷水"以外的其他图层，删除给水附件，如图 7-53 所示。

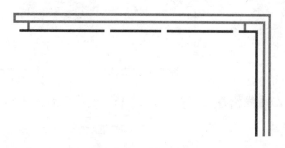

图 7-53　给水水管

10 利用与绘制给排水系统图相同的方法将图形绘制成块，然后将 Y 向压缩至 0.707 后插入，然后打开，得到如图 7-54 所示的图形。

图 7-54　打开后的给水水管平面图

11 此时会发现，在打开后，原来的多段线全变成了直线，此时，以得到的直线对象为轴线绘制多段线，重新绘制后的图形如图 7-55 所示。

12 对于多段线的旋转不能再使用上节所用的方法，因为多段线是一个整体，在打开后，显示属性又会发生变化，当然可以在一开始绘制前就将多段线一段一段分开，画成不同的对象然后再进行旋转，现在用另一种方法进行操作：先过多段线左端的一点，如图 7-55 所示绘制一条 45° 的斜线。

图 7-55　绘制 45° 斜向辅助线

13 选择多段线，会在多段线上出现一系列蓝色的点，称为夹点，如图 7-56 所示。

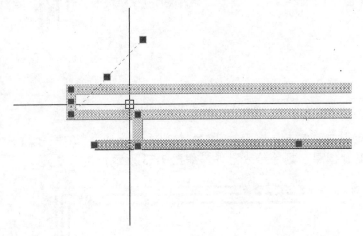

图 7-56　夹点

14 拖动多段线的左端线段最上部的夹点到 45° 斜线，如图 7-57 所示。编辑后的情形如图 7-58 所示。

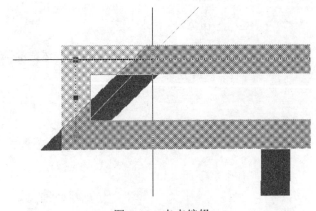

图 7-57　夹点编辑

图 7-58　完成夹点编辑

⒂ 利用同样的方法对其他竖向轴线进行旋转，注意旋转基点的选择，绘制效果如图 7-59 所示。

图 7-59　对其他管线进行夹点编辑

⒃ 插入各个卫生设备，即卫生洁具，并对卫生洁具标注文字，如图 7-60 所示。

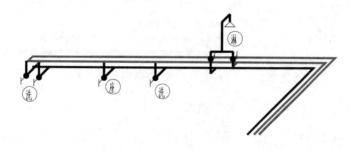

图 7-60　绘制卫生洁具

⒄ 对管道进行标注，标注方法与上节相同，这里不再赘述。绘制效果如图 7-44 所示。

NO.7.4
消防喷淋系统平面图

作为住宅建筑而言所采用的主要有普通消防给水系统和自动喷洒消防给水系统两种形式，除普通消防给水系统的管径比较粗以外，自动喷洒消防给水系统的给水管线随着输水距离和节点的变化，其管径由输水管开始点至出水口逐渐变细。

由于别墅没有消防系统，因此这里列举的是某饭店三层的消防喷淋系统平面图，如图 7-61 所示。

本案例是一个十层的饭店大楼，布局比较简单规整。工程按二类高层建筑中危险级设防，火灾危险性级别为丙类，自动喷水灭火系统的用水量为 26l/s。室内消防管采用镀锌钢管，直径小于等于 100 时用螺栓连接；直径大于 100 时用焊接、法兰或卡箍连接；镀锌钢管与法兰的焊接处二次镀锌。消防管道由室外市政管网引入，经过设备房内的消防立管进入各楼层，在每层中经过支管到达各个消防喷头。三层消防最大的管道直径为 DN100，最小为 DN25。

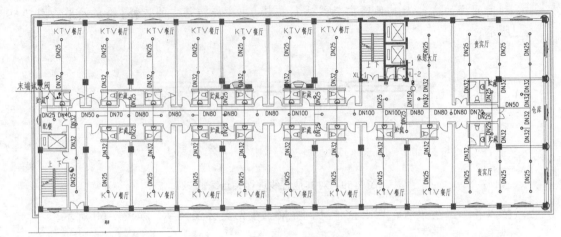

图 7-61　某饭店三层消防喷淋系统平面图

消防喷淋系统平面图的绘制的具体步骤如下。

1 打开如图 7-62 所示的平面布置图，选择所有图形，将其分解，修改所有图形的图层为 0 层，将修改后的平面图复制到新的文件中，另存为"三层消防平面图"。

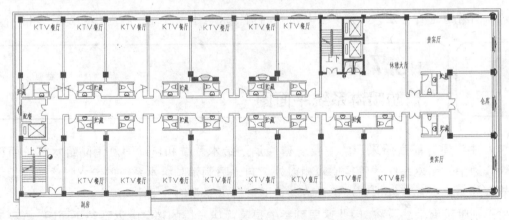

图 7-62　三层消防平面图

2 绘制喷水立管，将喷水专用立管的图例复制到设备间相应的位置，喷水立管的直径为 70，如图 7-63 所示。

3 从立管引出一个管道到达走廊部位，并在靠近立管的附近在管道上添加蝶阀和水流指示计图标，如图 7-64 所示。

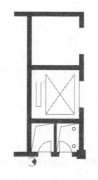

图 7-63　绘制喷水立管

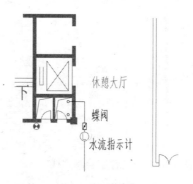

图 7-64　绘制管道和喷淋元件

4 确定每个房间各个消防喷头的位置并复制消防喷头的图例，完成后如图 7-65 所示。

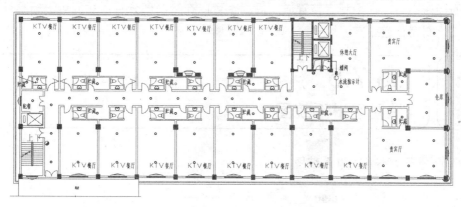

图 7-65　消防喷头的绘制

5 绘制通过整个走廊的主要管线，如图 7-66 所示。管线的绘制原则应该是以直角转弯，且能通过支管方便地到达各个喷头，然后绘制其他到达各个喷头的支管，如图 7-67 所示。

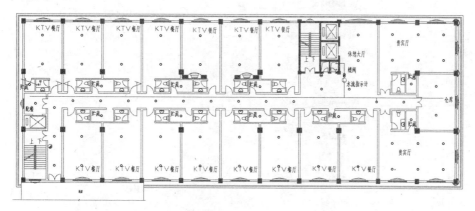

图 7-66　主要管道的绘制

6 在排水管道的末端应绘制末端试水阀，包括一个水龙头和一个水压表，只须在图例中复制后，粘贴到末端的排水管道上即可，如图 7-68 所示。

图 7-67　平面管道绘制完成

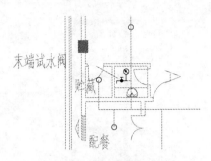

图 7-68　末端试水阀的绘制

对管道进行标注，标注的方式和上节讲述的方法一样，这里不再赘述，标注结果如图 7-61 所示。

管道的标注不一定在绘制完整管道以后，也可以在绘制部分管道后即可进行标注，这样可以避免在绘制完管道后忘记尺寸。

NO.7.5
消防喷淋系统图

如图 7-69 所示为消防喷淋系统图。

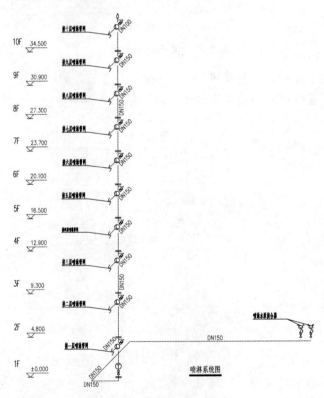

图 7-69　消防喷淋系统图

本案例一共 10 层，标高为 35.4m，室外管网经过喷淋水泵结合器到达喷水系统主管网，主干管网的管径为 DN150，经过阀门向上和各层的喷淋管网相连。在进入喷淋管网前经过蝶阀和水流指示计。

绘制喷淋系统图的具体步骤如下。

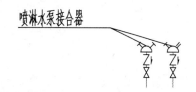

图 7-70　绘制喷淋水泵结合器和阀门

1️⃣ 复制图例中如图 7-70 所示的喷淋水泵结合器和阀门。

2️⃣ 连接阀门下面的出水管道，并向左延伸 20000，以左端点为起点绘制长为 4000、角度为 45°的斜线，再以所绘斜线的下端为起点向右绘制长为 3000 的直线，如图 7-71 所示。

图 7-71　绘制主干喷水管道

3️⃣ 通过上述管道的端点向 Z 轴绘制管道，管道的绘制可以比较长，稍高于结构的总高。绘制结构分隔线，并标注标高，绘制的方法比较简单，如图 7-72 所示，这里不再赘述。

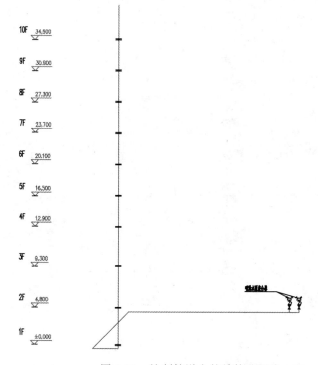

图 7-72　绘制管道上的结构分隔线

4️⃣ 在一层的适当位置插入阀门等符号，如图 7-73 所示。

5️⃣ 将上节中蝶阀和水流指示计部分的管线复制并顺时针旋转 45°，然后将其粘贴到如图 7-74 所示的位置。

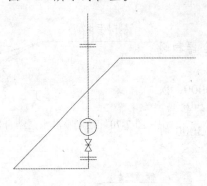

图 7-73　插入阀门等元器件

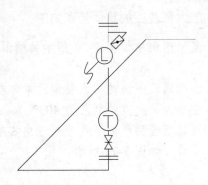

图 7-74　绘制一层喷淋系统相接处

6️⃣ 将一层绘制的图形复制到其他层，如图 7-75 所示。

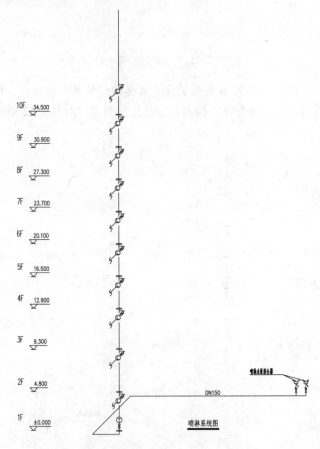

图 7-75　复制一层喷水元件到其他楼层

7️⃣ 进行文字标注并绘制顶部的水管封头，完成消防喷淋系统图的绘制，结果如图 7-69

所示。

NO.7.8
习题

（1）绘制如图 7-76 所示的卫生间给排水平面图。

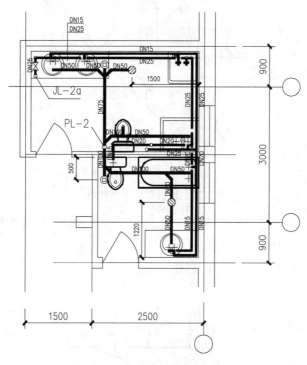

图 7-76　某卫生间给排水平面图

识图：本案例共有大、小两个卫生间，其中小卫生间的长约 2.5m 左右，宽 2.4m 左右，用水设备包括一个坐便器、一个台式洗脸盆、一个浴盆。大卫生间长约 4m 左右，宽 2.4m 左右，用水设备包括两个台式洗脸盆、一个坐便器、一个淋浴器、一个洗衣池。冷水进水管从大卫生间开始，管路的直径为 DN25，经过一个止水阀，依次连接大卫生间的台式洗脸盆、洗衣池、淋浴器，然后分成两路，直径变为 DN20：一路连接大卫生间和小卫生间的坐便器；另一路连接小卫生间的浴盆和台式洗脸盆。热水进水管从外进入后，最先连接的是大卫生间的淋浴器，然后分两路：一路连接到大卫生间的洗衣池管路和台式洗脸盆管路，直径分别为 DN25 和 DN15；另一路连接到小卫生间的浴盆和台式洗脸盆管路，直径分别为 DN20 和 DN15。排水管路分为三路：第一路以管径为 DN50 的管线连接大卫生间的台式洗脸盆、地漏和压力废水立管后，以直径为 DN75 的管线和排水立管相连；第二路以管径为 DN50 的管线连接大卫生间的淋浴器和坐便器后，以管径为 DN100 的管线和排水立管相连；第三路以管径为 DN50 的管线连接小卫生间的台式洗脸盆、地漏、浴盆后，以 DN100 的管路经过坐便器和压力废水立管后和排水立管相连。

（2）绘制如图 7-77 所示的给水系统图。

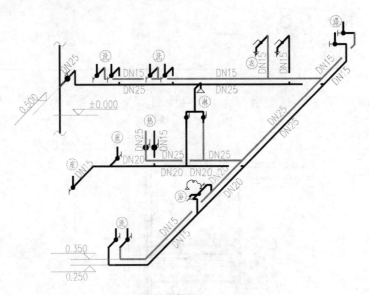

图 7-77　某别墅给水系统图

识图：给水系统图的线路排列和平面图相同，热水进水管线的埋置标高为 0.350m，冷水进水管线的埋置标高为 0.250m。

（3）绘制如图 7-78 所示的排水系统图。

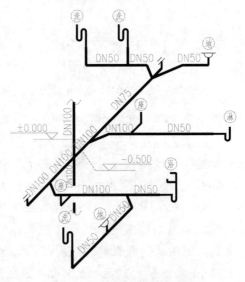

图 7-78　某别墅排水系统图

识图：排水管线的排列连接方式和平面图相同，管线的埋置标高为 0.500m。

第 **8** 章

装饰装潢制图中的暖通工程图

暖通与空调系统是为了改善各种工业与民用建筑室内工作与生活环境要求而设置的。暖通与空调系统实际上包括采暖、通风和空气调节 3 个方面的内容，这三种系统的组成和工作原理各不相同，但是对于安装施工图的绘制来说，各个系统的图样都是相似的。

本章将要介绍采暖与空调相关图纸的绘制，通过本章的学习，读者应该学会不同采暖方式的平面图、系统图、安装详图以及空调送回风平面图的绘制。

本书在制图过程中不讲解涉及到的标准问题，请读者在阅读本章时参考相关的给排水制图标准，本章主要涉及的标准有以下两种。

- GB/T 50114-2001《暖通空调制图标准》。
- GB/T 50001-2001《房屋建筑制图统一标准》。

NO.**8.1**
一层采暖平面图

室内采暖平面图主要表示采暖管道及设备的布置，内容包括：

- 采暖系统的干管、立管、支管的平面位置、走向、立管编号和管道安装方式。
- 散热器的平面位置、规格、数量和安装方式。
- 采暖干管上的阀门、固定支架以及采暖系统的相关设备，如膨胀水箱、集气灌和输水器等的平面位置和规格。
- 热媒入口及入口地沟的情况，热媒来源、流向及与室外热网的连接。

常见的冬季采暖末端形式主要有地板采暖、中央空调、暖气片 3 种，这 3 种取暖方式都各有利弊。近年来，随着新型塑料管材技术的长足发展，地板采暖（又称低温热水地板辐射采暖）在采暖工程中得以大量应用。

图 8-1 为地板采暖的平面图，我们将在第 8.2 节讲解暖气片（即集热器）采暖平面图的绘制方法。

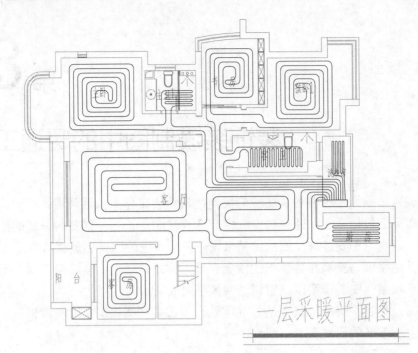

图 8-1　一层采暖平面图

本案采用低温热水地板辐射供暖系统，以燃气壁挂炉为热源，供水温度为 50℃，回水温度为 40℃，供水温差为 10℃，设计平均水温为 45℃。加热管采用交联聚乙烯管 PE-X（S6.3），公称直径为 16mm，最小壁厚为 1.5mm。加热管内热媒流速不小于 0.25m/s。在土壤上部或楼板上部的加热管之下敷设聚苯乙烯泡沫塑料板，敷设于楼板上部时厚度大于 30mm，敷设于土壤上部时厚度不小于 40mm，并增加防潮层。明装管道管材选用热浸镀锌钢管，采用螺纹连接。

本案的管路分为：客厅、餐厅、客房；厨房；洗衣间；书房、孩卧、书房；主卧、主卫。各个管路到墙壁的距离一般是 300mm，有固定家具设备的一般在 700mm 左右，根据房间的功能和大小的不同，管道的间距也不相同，卫生间、洗衣机和厨房管路的安排比较紧密，间距为 100mm，其他比较大的房间的间距为 200mm。

先打开一层平面布置图，删除不必要的家具和标注，全选图形并修改其属性，将其转化到 0 层，颜色设为灰色，如图 8-2 所示，然后新建"采暖"图层。

先绘制炉间燃气壁挂炉，具体绘制方法如下：绘制一个 1000×200 的矩形，并插入到相应的位置，绘制完成后如图 8-3 所示。然后将燃气壁挂炉的上边线等分为 11 份，作为各个加热管的出口，洗衣间的出口处绘制一条直线，并等分为 9 份，作为加热管线路的经过点，如图 8-4 所示。

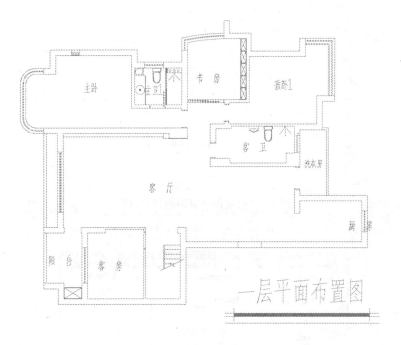

图 8-2　修改平面图

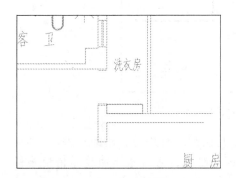

图 8-3　绘制炉间燃气壁挂炉

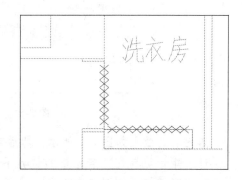

图 8-4　绘制辅助点

下面以客卫和客房的加热管线路为例讲解地热采暖管线的绘制方法。因为本管线比较复杂，而且各个线路之间的连接要求美观、整洁、明了，所以采用各个房间单独绘制，再预留管线的出口，以进行连接。

1．绘制客卫管线

1　先绘制客卫房间，通过指定和墙体的距离绘制一个矩形，确定室内加热管线的铺设范围，如图 8-5 所示，矩形的右边线距离墙体 750，上边线距离墙体 750，下边线距离墙体 300，左边线距离墙体 750。

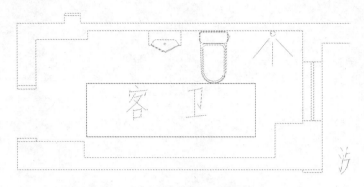

图 8-5 确定加热管路的铺设范围

2 选定矩形的左边线，对其进行阵列，具体的参数如图 8-6 所示。

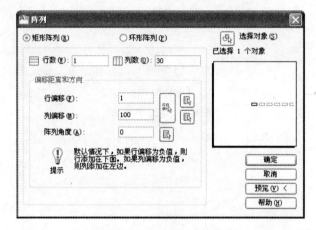

图 8-6 "阵列"对话框

3 阵列后的效果如图 8-7 所示，然后对阵列后的图形进行修剪，删除矩形之外的直线。对于矩形边界处，若矩形的边界不在阵列的直线上，可将矩形的边界稍稍外移，使其间距相等，如图 8-8 所示。

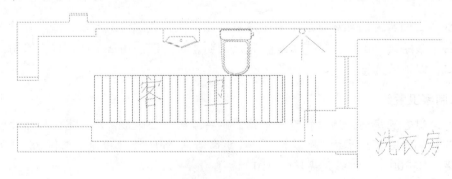

图 8-7 阵列管线

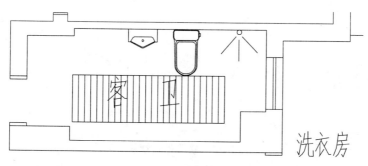

图 8-8　修剪管线

4 绘制管线的半圆形转弯处，以阵列的直线间距为直径绘制圆，然后进行修剪，得到如图 8-9 所示的图形。

5 利用"阵列"命令绘制其他转弯，阵列的个数和管线的间距数相等，阵列后的效果如图 8-10 所示。

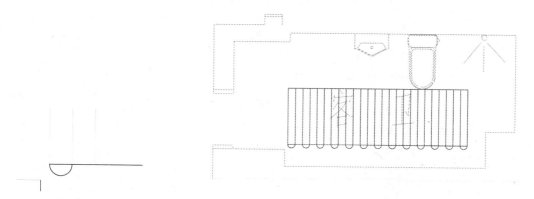

图 8-9　绘制管线的转弯处　　　　　　　　　图 8-10　阵列弯管

6 然后进行镜像，绘制上半部的弯管，如图 8-11 所示。

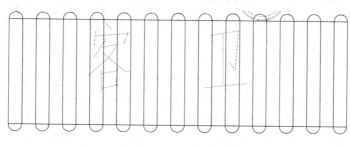

图 8-11　镜像弯管

7 将上部的弯管向左平移 100 的距离，并删除不需要的对象，如图 8-12 所示。

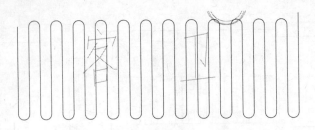

图 8-12　修改加热管线

8 将整个管线引到门口，具体的尺寸不需要太精确，如图 8-13 所示。

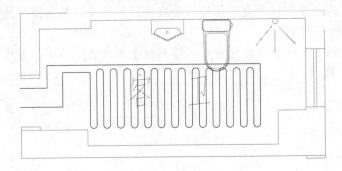

图 8-13　绘制客卫与外界连接的管线

至此，整个客卫内的管线绘制完毕。

2．绘制客房管线

1 客房管线的排线方式与客卫不同，所以绘制方法也不相同。管线距离墙线的距离为 300。和客卫相同，先绘制一个矩形线框确定加热管线的位置，如图 8-14 所示。

2 绘制进水管线，将上边线向下偏移 400，得到的偏移直线与矩形的右边线进行倒圆角，圆角半径为 200，绘制后的效果如图 8-15 所示。

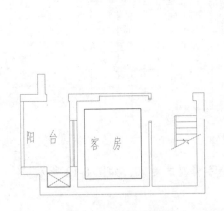

图 8-14　确定管线范围

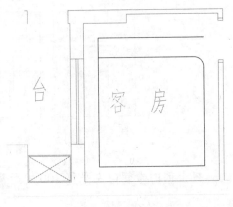

图 8-15　绘制客房加热水管 1

3 偏移矩形的左边线，偏移距离仍为 400，和矩形上边线的偏移进行倒角，倒角半径和刚才一样，同为 200，效果如图 8-16 所示。

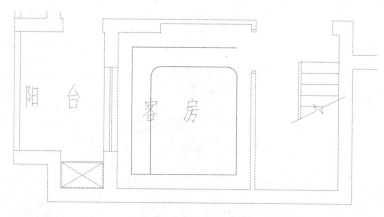

图 8-16　绘制热水管 2

4 矩形的下边线和右边线与上述操作相同，重复上述操作，直至所留间距稍大于 400 即可，最终效果如图 8-17 所示。

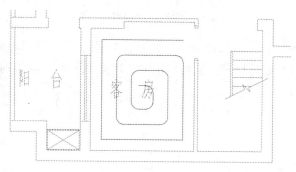

图 8-17　绘制热水管 3

5 绘制回水管路，将最后一段直线向上平移 200，将两条直线用半圆封口，绘制效果 如图 8-18 所示。

6 用和进水管线相同的方法继续绘制管线，绘制效果如图 8-19 所示。

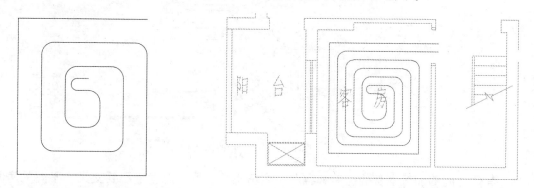

图 8-18　绘制进水管和回水管的连接处　　　　　　图 8-19　绘制回水管线

　　至此客房管线绘制完毕。客厅和餐厅的绘制方法和上述类似，具体的绘制过程不再赘述，绘制结果如图 8-20 所示。

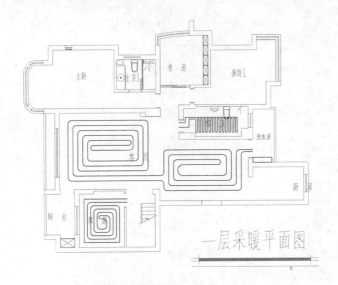

图 8-20　绘制客厅和餐厅的管线

　　将客房的管线和客厅的管线相连成一个回路，并将整个回路和炉间的燃气壁挂炉相连，对整个管路的直角转弯处进行倒角，使管线平滑，则整个客厅和客房的采暖平面图绘制完成，如图 8-21 所示。

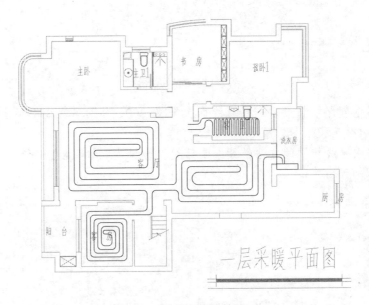

图 8-21　连接和修改管路

　　其他房间的加热水管的绘制和客厅、客房相同，要注意管道不要交叉，不同的房间管道的间距要合理，最终绘制结果如图 8-1 所示。

NO.8.2
集热器采暖平面图

集热器采暖平面图的绘制和建筑平面图的绘制大体相同，一般仍绘制首层平面、中间层平面和顶层平面。对于比较大型的建筑而言，可以使用分区绘制的办法，这时要绘制各分区的组合示意图。采暖系统的分区应和建筑图中的分区一致。由于在单户水平式系统中，不同楼层的住户的采暖系统形式一般完全相同，顶层和首层也没有供水干管和回水干管，并且许多系统中间层的散热器片数也完全相同，因此，有时可以将三张平面合而为一，在上面标注散热器片数时，注明其是首层、中间层和顶层。对于单体别墅而言，通常情况下类似于一个单户水平式系统，也可以按照上述方法绘制。如图 8-22 所示为某别墅使用集热器采暖的平面图。

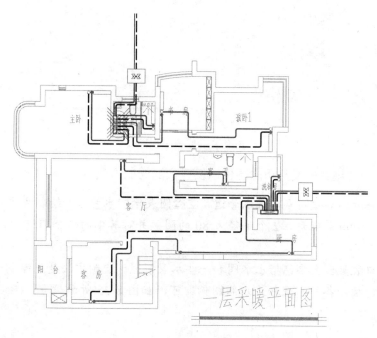

图 8-22 集热器采暖平面图

本案例中的热水由小区锅炉房提供，每栋别墅有 2 个采暖入口。

采暖系统形式为室内采用双管水平串联系统，散热器明装，型号为 RVS-44C1-D，距离地面 1.5m，每组散热器均安装温控调节阀。采暖系统的立管，即明装管采用热镀锌钢管，螺纹连接。室内供水水管采用聚丁烯 PB 管，或无规共聚丙烯 PP-R 管，暗敷在垫层内的管道没有接头，散热器的连接处如有必要可采用同质专用热熔连接。系统阀门采用内螺纹铜截止阀。采暖立管系统及采暖地沟内的金属管道刷樟丹防锈漆及银粉各两遍，地沟内、管径内的管道应进行保温，选用 40mm 离心玻璃棉管壳保温，外缠保温层。

管道穿过砖墙和楼板处须设预埋套管，套管管径比穿越管大两号，安装在楼板的套管顶部高出地面 20mm，厨卫间高出 50mm，底部与楼板相平，安装在砖墙的套管两端与墙面相平。

本案的线路根据距离和房间的位置划分，厨房和客房是一个回路，客厅和客卫是一个回路，洗衣间是一个回路，主卧是一个回路，孩卧、书房和主卫是一个回路。

绘制集热器采暖平面图前，先打开一层平面布置图，删除不必要的家具和标注，全选图形并修改其属性，将其转化到 0 层，颜色设为灰色，如图 8-23 所示，然后新建"采暖"图层。

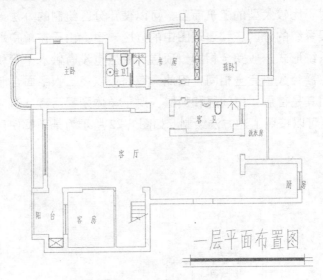

图 8-23　修改平面图

下面介绍几个集热器采暖常用的图例以及它们的绘制方法。

- 散热器符号：实心圆表示进水管道，空心圆表示回水管道。绘制方法如下，先绘制一个 200×1000 的矩形、2 个半径为 80 的圆，并对其中的一个圆进行填充，如图 8-24 所示。

- 采暖入口装置：主要包括止水阀和一些水表装置。绘制方法是先绘制一个 800×1000 的矩形，插入各种水表和止水阀图例即可，如图 8-25 所示。

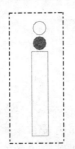

图 8-24　散热器图例

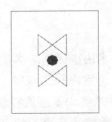

图 8-25　采暖入口装置图

- 集水箱：绘制方法是先用多段线绘制一个 1000×200 的矩形，线宽为 50mm，然后用直线连接对角即可，如图 8-26 所示。

- 管线符号中实线表示进水管线，虚线表示回水管线，如图 8-27 所示。

图 8-26　集水箱装置图　　　　　　　　图 8-27　管线图例

下面开始绘制集热器采暖平面图。

1 在每个房间中都有一个散热器，注意放置位置，如图 8-28 所示。

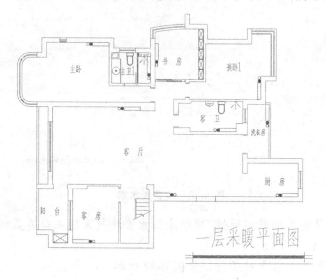

图 8-28　放置散热器

2 绘制采暖入口装置，本案例的别墅有 2 个入口装置，分别将入口装置放置在洗衣间室外和主卫室外，如图 8-29 所示。

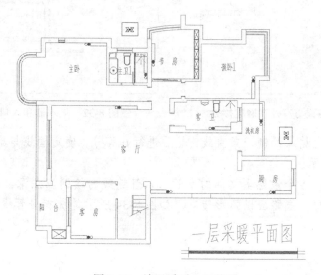

图 8-29　放置采暖入口装置

3 绘制集水器，并将其放置在洗衣间和主卫，如图 8-30 所示。

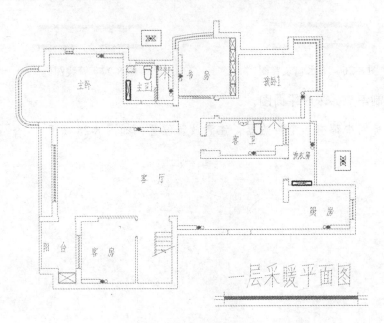

图 8-30　放置集水器

4 管路的绘制从室外的管网开始，把给水回水管线与采暖入口装置相连即可，如图 8-31 所示。

5 绘制集水器和入口装置的管线，如图 8-32 所示。

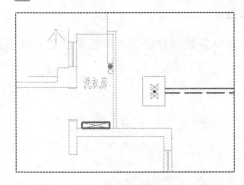

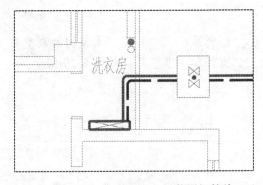

图 8-31　入口装置与室外管网连接处　　　　图 8-32　集水器和入口装置间管线

6 在集水器的上边缘绘制一条直线，然后进行 6 等分，确定管线与集水器的连接位置，如图 8-33 所示。

7 绘制集水器和各个散热器之间的水管，水管连线的绘制应注意：线路不能交叉、线路应尽可能短、线路应以弧形转弯，如图 8-34 所示是洗衣房管线。

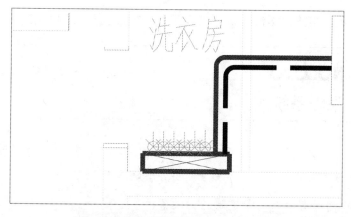

图 8-33 确定管线和集水器的连接位置

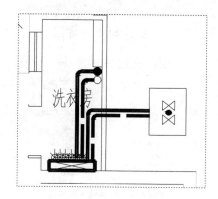

图 8-34 洗衣房管线

8 利用同样的方法绘制其他线路，如图 8-35 所示为由厨房、餐厅和客房组成的回路。

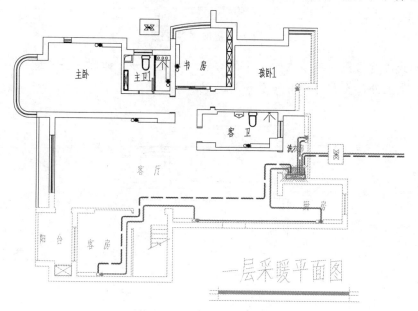

图 8-35 厨房、餐厅和客房回路的绘制

其他房间的管线绘制方式类似，这里不再赘述，绘制结果如图 8-22 所示。

NO. 8.3
采暖系统图

采暖系统图（有的文献称为采暖系统轴测图）通常不表达建筑内容，仅用来表达采暖系统中的管道、设备的连接关系、规格和数量。绘制的主要内容包括：

- 采暖系统中的所有管道、管道附件、设备。
- 标明管道规格、水平管道标高、设备。
- 散热设备的规格、数量、标高，以及散热设备与管道的连接方式。
- 系统中的膨胀水箱、集气罐等与系统的连接方式。

以一层管网靠近洗衣间的入户管网为例绘制系统图，现在采用不同于给排水系统图的绘制方法，即三维绘图的方法绘制，同时用到 3D 转 2D 的方法，具体的操作步骤如下。

1 先将所有的管线全部选择，删除其他图形对象后如图 8-36 所示。

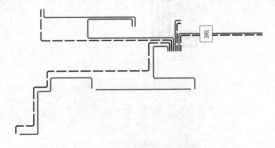

图 8-36　提取采暖管线

2 对管线进行修改，减少图形细小的弯管和次要部分，如删去进户管线，直接将管线连接到室外，修改完成后如图 8-37 所示。

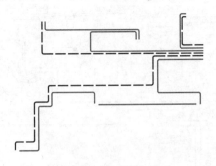

图 8-37　修改后的管线

3 选择"视图"|"三维视图"|"西南等轴测"命令，图形显示如图 8-38 所示。

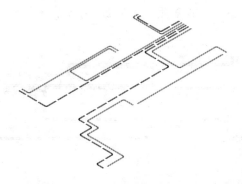

图 8-38　"西南等轴测"视图

4 将整个图形顺时针旋转 45°，如图 8-39 所示。此时会发现，图形在竖向上的长度变短，和给排水系统图中的绘制方法得到的效果相同。

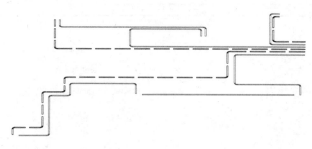

图 8-39　旋转图形

5 建立三维图形，在屏幕上绘制直径为 100 的圆，然后通过"扫略"（sweep）命令以各个管线为路径进行拉伸。具体的命令行提示如下所示：

```
命令：SWEEP                                        //执行"扫略"命令
当前线框密度：ISOLINES=4
选择要扫掠的对象：找到 1 个                          //选择绘制的圆
选择要扫掠的对象：                                  //按下 ENTER 键
选择扫掠路径或 [对齐(A)/基点(B)/比例(S)/扭曲(T)]：   //选择其中的一条管线
```

6 利用同样的方法生成其他三维实体，绘制结果如图 8-40 所示。

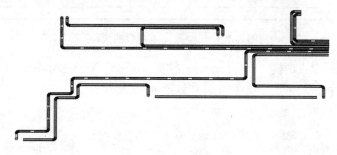

图 8-40　扫略管线

7 修改线型，将回水管线的线型全部改为和二维空间回水管线的线型一致，修改后如图 8-41 所示。实际上，此时图形的大小并没有变化，当返回到二维视图时，图形又会转换到原来的大小，可以利用 3D 转 2D 的方法将其转为 2D 图形，并改变图形的尺寸。

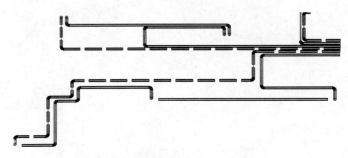

图 8-41　修改管线的线型

8 进入布局 1，布局 1 的视口调整到较小时，可方便以后绘图，如图 8-42 所示。

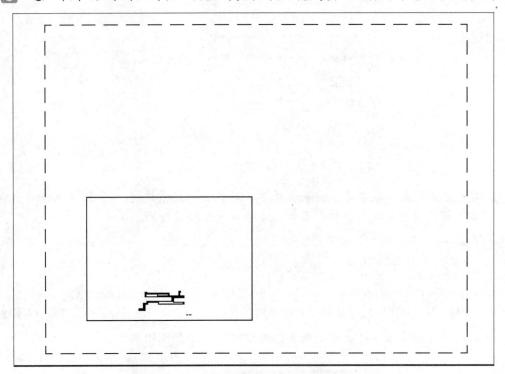

图 8-42　调整布局 1 视口的大小

9 选择"绘图"|"建模"|"设置"|"视图"命令，输入 solview 命令，新建视口，具体的命令行提示如下，命令完成后如图 8-43 所示。

```
命令：_solview                                   //执行"视图"命令
输入选项 [UCS(U)/正交(O)/辅助(A)/截面(S)]：u（输入 u）
输入选项 [命名(N)/世界(W)/?/当前(C)] <当前>：      //按下 ENTER 键
输入视图比例 <1>：（按下 ENTER 键）
指定视图中心：                                    //在屏幕的空白处单击
指定视图中心 <指定视口>：                          //按下 ENTER 键
指定视口的第一个角点：                              //在视图中心外单击，大小要合适
```

指定视口的对角点：   //指定对角点，位置用户可以自己调整

输入视图名：采暖系统图（输入 ″采暖系统图″）

输入选项 [UCS(U)/正交(O)/辅助(A)/截面(S)]：   //按下 ENTER 键放弃输入

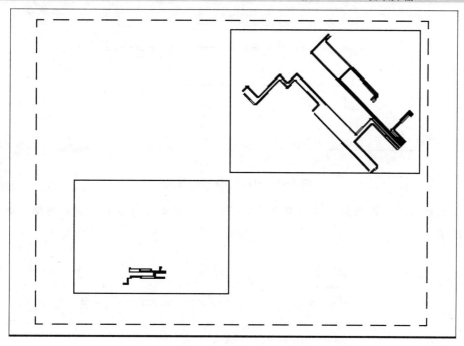

图 8-43　新建 solview 视口

🔟 此时是视口默认的俯视图，将新建的视口返回到西南轴测视图下，如图 8-44 所示。

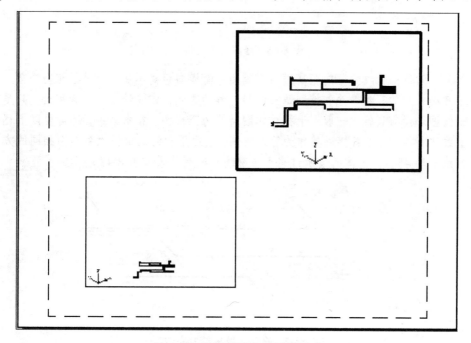

图 8-44　返回到西南轴测视图下

⓫ 执行"绘图"|"建模"|"设置"|"图形"命令，输入 soldraw 命令，选定新建的视口边框，将新建视口内的图形复制到模型空间中，如图 8-45 所示。

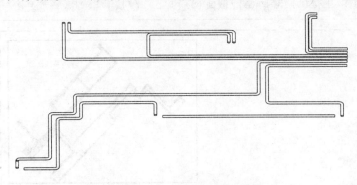

图 8-45　3D 转 2D 后的效果

⓬ 实体转为二维图形后，属性需要重新设定，如可修改水管的颜色和线型，如图 8-46 所示。

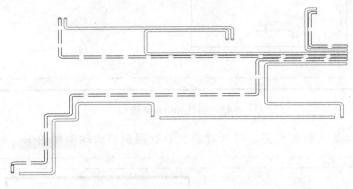

图 8-46　修改对象特性

⓭ 至此，只是将管线的竖向距离进行了缩短，而横向距离不变，此过程相当繁琐，但用到了几个常用的三维命令，特别是三维转二维的方法，在设计中有很大用处。只是转成的二维图形没有属性，一般用于将立体图转换为三视图，在本案中，还需要以上述图形为基线进行绘制，如直接以其作为管线绘制，然后用和绘制给排水系统图相同的方法将竖向线旋转 45°，具体的绘制过程不再赘述，绘制结果如图 8-47 所示。

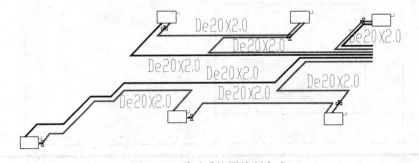

图 8-47　采暖系统图绘制完成

NO.8.4
安装详图

当某些设备的构造或管道连接处的连接情况，在平面图和系统图上表示不清楚时，可将这些局部位置放大比例，画成大样图，以反映其详细结构和安装要求，这些大样图称为详图。目的是为了更加准确地表达采暖系统的管道、设备的形状、大小和安装位置、安装方法，除了使用标准详图外，对于无法套用标准图的情况，同样需要绘制必要的详图。

8.4.1 采暖立管安装详图

绘制采暖立管安装详图的具体步骤如下。

1 先绘制结构层，绘制时不要求尺寸，绘制完成后以折断线将结构层打断即可，绘制如图 8-48 所示的图形，结构层的上边缘到下部折断线的距离为 50，左右折断线的距离为 250。中部的竖直线为辅助线，作为整个图形的对称轴。

2 对结构层进行填充，各个参数的设置如图 8-49 所示。

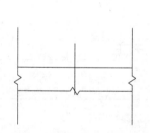

图 8-48 绘制结构层线框

图 8-49 设置参数

3 填充后的效果如图 8-50 所示。将轴对称线向左逐步偏移 50、70、20，将结构层的上边线向上偏移 0、15、10、15、10，如图 8-51 所示。

4 对偏移的线段进行修剪，修剪后如图 8-52 所示。

5 对垫层区域进行填充，填充参数如图 8-53 所示，绘制效果如图 8-54 所示。

6 先绘制管道的轴线，将左边的折断线向右偏移 100，得到的偏移线与水平向的管道轴线进行倒角，倒角半径为 20，竖向轴线的长度为 110，如图 8-55 所示。

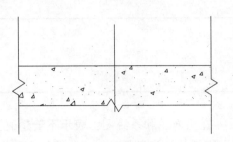

图 8-50　填充结构层

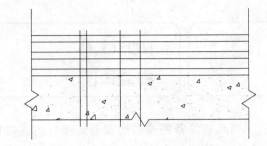

图 8-51　偏移线

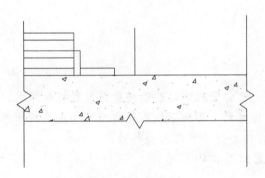

图 8-52　修剪直线

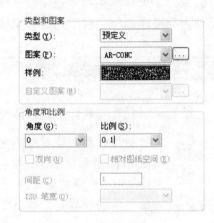

图 8-53　设置参数

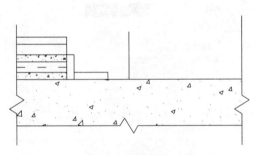

图 8-54　填充垫层

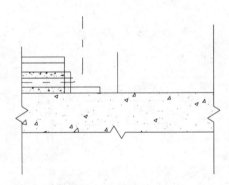

图 8-55　绘制管道轴线

7 通过偏移轴线绘制管道，偏移距离为7.5，绘制效果如图8-56所示。

8 绘制带座内螺纹接头，如图8-57所示，外矩形尺寸为20×15，内矩形尺寸为15×10，矩形用多段线绘制，线宽为3，然后将螺纹接头插到相应的位置。

9 对如图8-58所示的区域以对称轴为轴进行镜像，镜像结果如图8-59所示。

10 对图形进行文字标注，具体的文字标注内容如图8-60所示。

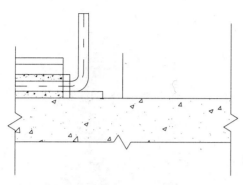

图 8-56　绘制管道

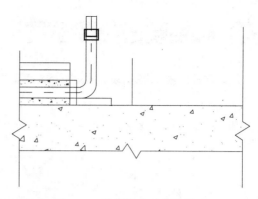

图 8-57　绘制带座内螺纹接头

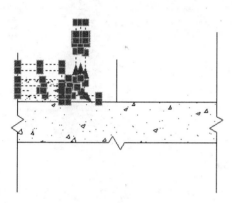

图 8-58　选择镜像区域

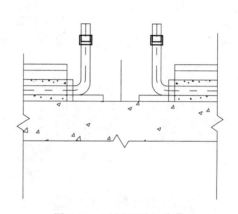

图 8-59　对图形进行镜像

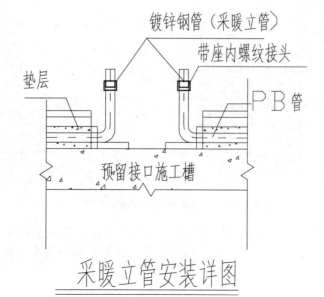

图 8-60　采暖立管安装详图绘制完毕

8.4.2 炉间分集水器安装详图

绘制炉间分集水器安装详图的具体步骤如下。

1 绘制墙体，墙体的厚度为 240，并对墙体进行填充，图案为 ANSI31，比例为 20，填充后效果如图 8-61 所示。

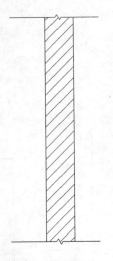

图 8-61　绘制墙体

2 沿墙体下部绘制一条直线，然后一次向上偏移 100、60、60、40、20、30，右端用折断线封口，偏移完成后如图 8-62 所示。

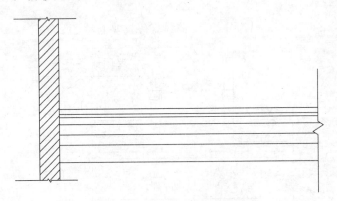

图 8-62　绘制结构层和设备层轮廓

3 对各层进行填充，填充比例要合适，应选择能代表结构类型的填充图案，装修面层的填充参数如图 8-63 所示，水泥砂浆找平层和附加层的填充参数如图 8-64 所示。

图 8-63　装修面层的填充参数 　　　　图 8-64　找平层和附加层的填充参数

4 对结构层进行填充，如图 8-65 所示，在结构层内绘制加热盘管，加热盘管的图例如图 8-66 所示。将加热盘管图例插入到设备层，如图 8-67 所示。

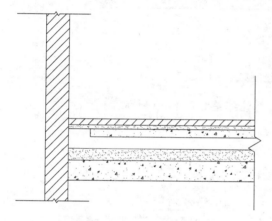

图 8-65　对结构层进行填充 　　　　　　　　图 8-66　加热盘管图例

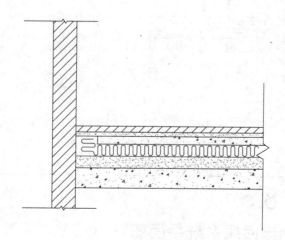

图 8-67　绘制加热盘管图例

5 绘制出水管和回水管，这些管线的绘制都比较简单，应注意出水管应该包括止水阀，而回水管则不需要，另外出水管用实线绘制，回水管用虚线绘制，出水管线和回水管线都经过细石混凝土垫层，绘制完成后如图 8-68 所示。

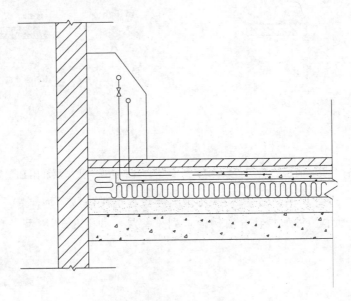

图 8-68　绘制集水器和水管

6 对图形进行文字标注和尺寸标注，标注结果如图 8-69 所示。

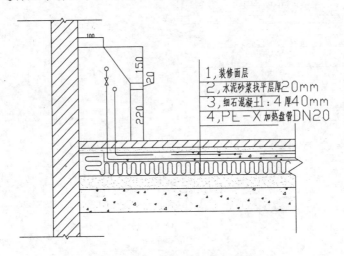

图 8-69　炉间分集水器安装详图

NO.8.5

空调送回风系统平面图

建筑通风包括排风和送风两个方面的内容，从室内排出污浊的空气称为排风，向室内补充新鲜空气称为送风。为建筑室内排风和送风所采用的一系列设备、装置构成了通风系统。

　　空调送回风系统平面图主要是表明空调通风管道和空调设备的平面布置图样。用户在绘制的时候，需要根据空调系统中各种管线、风道尺寸大小，由风机箱开始，采用分段绘制的方法，按比例逐段绘制送风管的每一段风管、弯管、分支管的平面位置，并标明各段管路的编号、坡度等。用图例符号绘制出主要设备、送风口、回风口、盘管风机、附属设备及各种阀门等附件的平面布置。

8.5.1　空调送风系统平面图

　　图 8-70 为空调送风系统平面图。

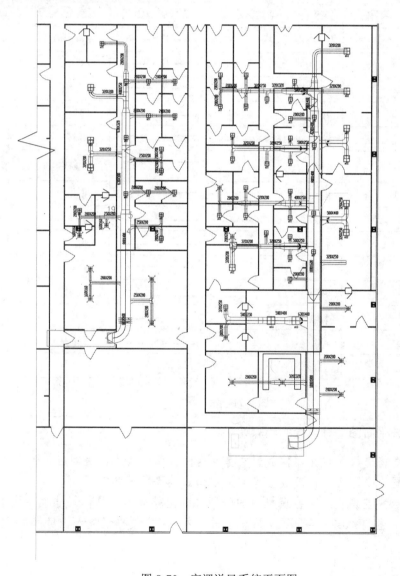

图 8-70　空调送风系统平面图

空调送风平面图主要由组合式空调机组、散流器、高效送风过滤器、管线和各种阀门组成，组合式空调机组位于主机房，排风管道从机房出发到达各个需要送风的房间，送风干管的截面为 1000mm×800mm，到达房间的管道最小为 200mm×200mm，中间的管道管径在两者之间，在每个房间放置一个散流器或高效送风过滤器，风管底部的标高为 4.2m，散流器底部标高为 2.7m。

在绘制图形之前，先介绍几个常用的图例，如图 8-71 所示。

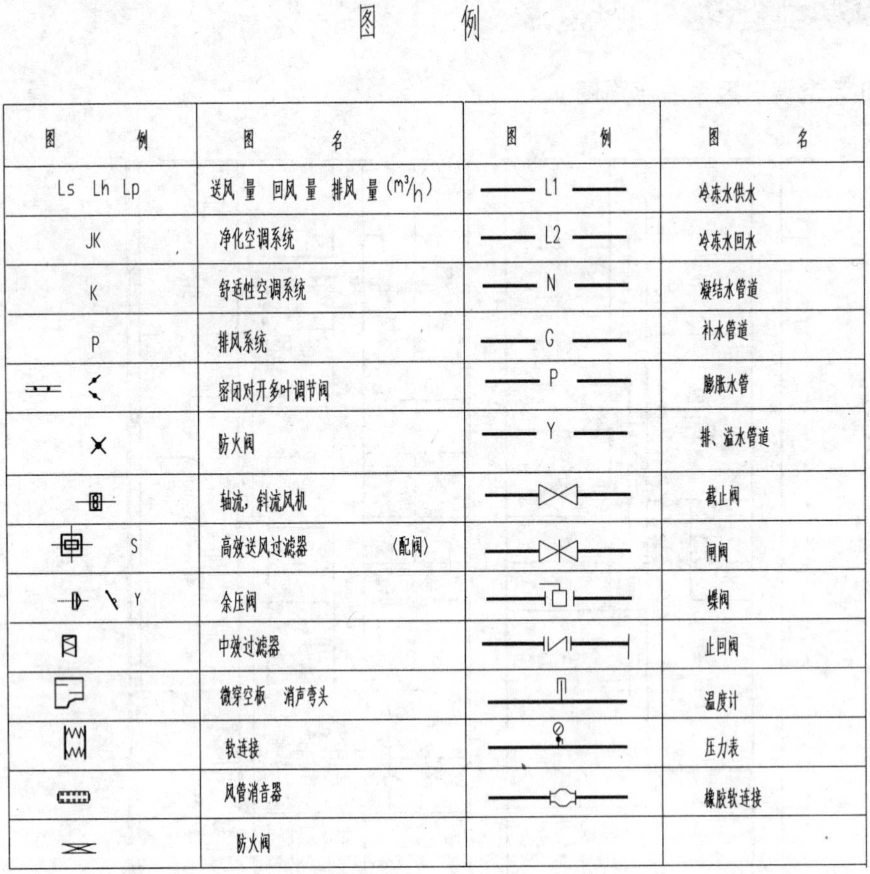

图　例

图　例	图　名	图　例	图　名
Ls Lh Lp	送风量 回风量 排风量(m³/h)	—— L1 ——	冷冻水供水
JK	净化空调系统	—— L2 ——	冷冻水回水
K	舒适性空调系统	—— N	凝结水管道
P	排风系统	—— G	补水管道
⊞▬<	密闭对开多叶调节阀	—— P	膨胀水管
×	防火阀	—— Y	排、溢水管道
⊞	轴流,斜流风机	◁▷	截止阀
⊞ S	高效送风过滤器 (配阀)	◥◣	闸阀
⊳\ Y	余压阀	□	蝶阀
⊟	中效过滤器	⊢Ⅳ⊣	止回阀
▱	微穿孔板 消声弯头	Ⅱ	温度计
⋀	软连接	⊘	压力表
⊞	风管消音器	⊂⊃	橡胶软连接
⋈	防火阀		

图 8-71　常用图例

空调送风系统平面图的具体绘制步骤如下。

1️⃣ 根据需要将送风风口元器件放置在房间内，一般比较大的房间应放置 2 个，较小的房间放置一个即可，一般放在房间的中部，效果如图 8-72 所示。

2️⃣ 绘制组合式空调机组，空调机组的绘制过程比较简单，具体尺寸也不强求一致，这里不再赘述，图 8-73 给出了空调机组的图例。将空调机组放入机房，如图 8-74 所示。

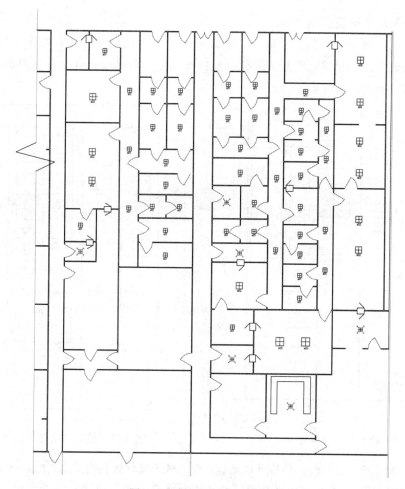

图 8-72　放置送风风口元器件

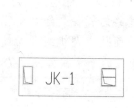

图 8-73　空调机组图例

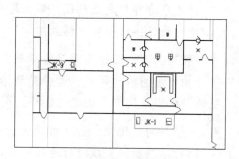

图 8-74　插入空调机组

3 绘制管道的轴线，轴线的绘制很重要，因为它决定了管道的轴向和方位，是管道绘制的依据，轴线从空调机组的出风口开始，终端是各个房间的出风口。下面以空调1机组的管路为例详细讲解图形的绘制方法。

- 绘制主干管道的轴线：轴线经过走廊的中间，只须在走廊中部绘制轴线，然后与空调机组引出的轴线相连，注意在转弯处进行倒角，使管道避免出现直角转弯，绘制结果如图8-75所示。

- 绘制二级干管轴线：二级干管轴线和主干管轴线相连，在要连接的排风口之间，绘制方法很简单，只要注意在绘制轴线时考虑到以后管线和排风口的相对位置即可，如图8-76所示。

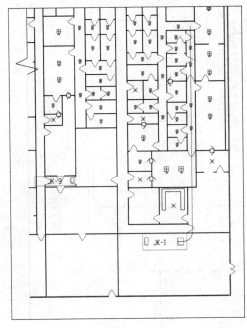

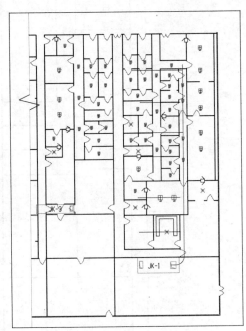

图 8-75　绘制主干线轴线　　　　　　　　图 8-76　绘制二级管线轴线

- 绘制最后一级轴线：将排风口元器件和二级管线轴线相连，绘制结果如图8-77所示。虽然轴线的绘制方法很简单，却是绘制通风图中最重要的一步，用户应在绘图之前先分清哪些是主轴线，哪些是次轴线，在绘制的时候做到心中有数，最后绘制的管线连接才不会出错。

4 绘制管路，可以通过偏移轴线得到，但要注意管路的管径是经常变化的，从空调机组开始到房间的排风口，管径是逐渐缩小的，下面从空调机组开始绘制管径，先将空调机组出口处的管线进行偏移，偏移距离为管径的一半，如图 8-78 所示。

- 在管径的变化处，直径对变化前后的管线进行偏移，偏移得到的直线留有500的间距，然后用直线进行连接即可，绘制过程如图8-79所示。

- 对偏移的管线进行属性调整，得到最后的管线。利用同样的方法绘制其他管线，但应注意在主次管线的连接处，在靠近来风的一端，次级管线的开口应大一些，这样方便风的传输，如图8-80所示。

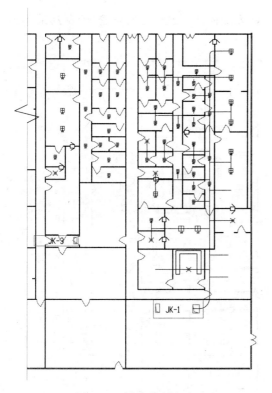

图 8-77　轴线绘制完成

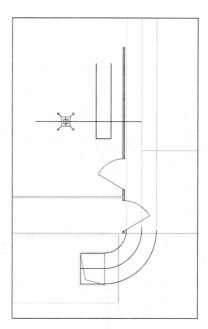

图 8-78　偏移轴线

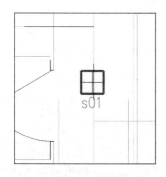
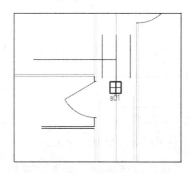

图 8-79　管径变化处管线的绘制

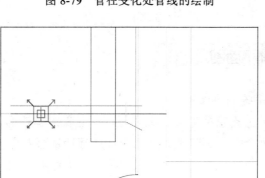

图 8-80　绘制主次管线的连接处

- 利用同样的方法绘制其他管线，绘制方法同上，这里不再赘述，绘制结果如图8-81
  所示。

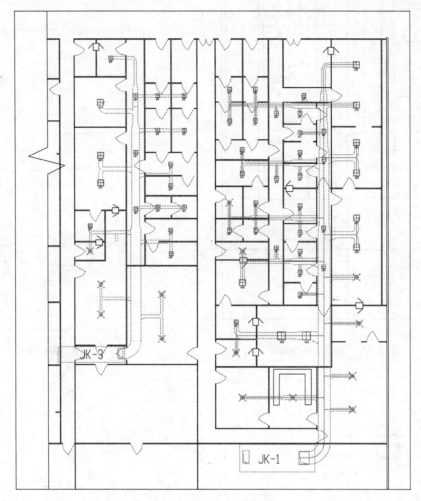

图 8-81　管线绘制完毕

5 在管线的需要位置插入各个阀门的图例，图例在前面已经介绍过，绘制结果8-70所
示。

8.5.2　空调排风系统平面图

图 8-82 为空调排风系统的平面图。

空调排风系统平面图主要包括管道、排风百叶、低噪声斜流通风机等各种设备，本案例
主要通过排风百叶来排风，空调送回风管道采用优质镀锌钢板制作。

空调排风系统平面图的绘制方法和送风系统平面图的绘制方法基本相同，这里不再赘述。

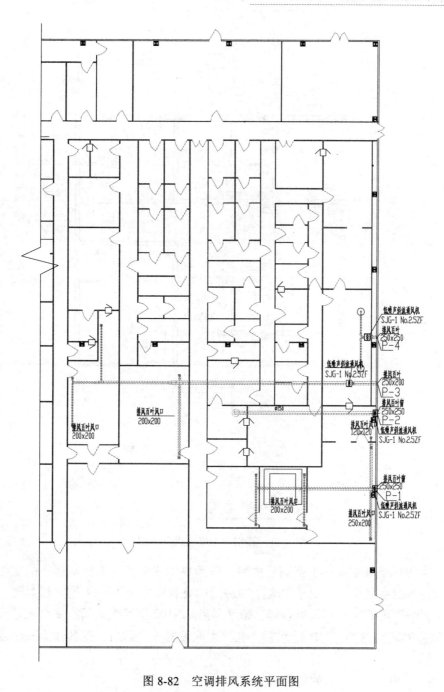

低噪声斜流通风机
SJG-1 No.2.5ZF
排风百叶
250x250
P—4

低噪声斜流通风机
SJG-1 No.2.5ZF
排风百叶
250x200
P—3

排风百叶窗
250x250
P—2

排风百叶风口
200x200

排风百叶风口
200x200

Ø150

排风百叶窗
120x120
低噪声斜流通风机
SJG-1 No.2.5ZF

排风百叶窗
250x250
P—1

排风百叶风口
200x200

排风百叶窗
250x200
低噪声斜流通风机
SJG-1 No.2.5ZF

图 8-82 空调排风系统平面图

NO.8.6

习题

（1）绘制如图 8-83 所示的某别墅一层空调平面图。

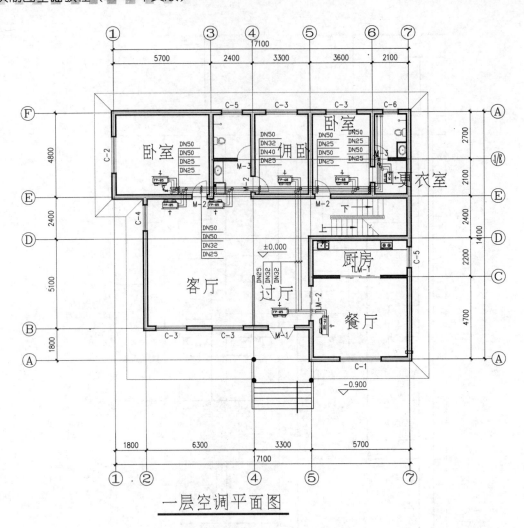

一层空调平面图

图 8-83　某别墅一层空调平面图

识图：本图样是某别墅一层空调平面图，采用集中式供暖，水管从楼下的机组引出，在与更衣室相连的卫生间引入，对于比较小的房间如更衣室采用 **FP-34** 型风机盘管，稍大的房间如次卧、佣卧采用 **FP-68** 型风机盘管，餐厅采用 **FP-102** 型风机盘管，其余比较大的房间采用 **FP-85** 型号的风机盘管，对冷凝水管，在卫生间设置一个封口，使其作为一个回路，并安装一个截止阀。

（2）绘制如图 8-84 所示的空调系统图。

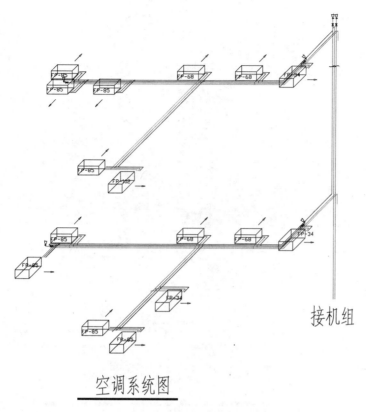

接机组

空调系统图

图 8-84　某别墅空调系统图

识图：本系统图是某二层别墅的空调系统图，机组从地下室引出，引出冷冻水/温水供水管、冷冻水/温水回水管、冷凝水管共 3 条管线。

（3）绘制如图 8-85 所示的某别墅空调水系统立管系统图。

识图：本图样是某建筑的空调水系统立管系统图，管线从外部空气源热泵机组引入，管线的直径为 DN80，在立管的下端设置 2 个泄水阀，管径为 DN25，顶部设置 2 个自动排气阀，管径为 DN20。立管的管径从下往上，依次从 DN80 变成 DN65，室内热水管线的直径为 DN65，冷水管线的直径和热水管线的直径相同，管线在进入室内时都布置一个手动蝶阀。

（4）绘制如图 8-86 所示的某建筑地下一层采暖系统平面图。

识图：本采暖图比较简单，总散热器放置在洗衣间，铜铝散热器的片数均为 16，采暖埋地管均为 DN20，在垫层内敷设（垫层厚度为 70），并采用复合硅酸盐保温材料保温，管道密集的部位采用塑料波纹套管保护。

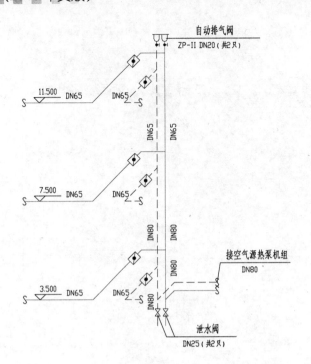

空调水系统立管系统图

图 8-85　某别墅空调水系统立管系统图

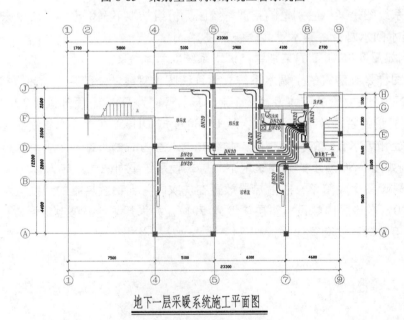

地下一层采暖系统施工平面图

图 8-86　某别墅地下一层采暖平面图

附 录

第 1 章

一、填空题答案

(1) "二维草图与注释"、"AutoCAD 经典"、"三维建模"三种工作空间。
(2) 0
(3) DWG、DWT 和 DXF
(4) 单击对象直接选择、窗口选择（左选）、交叉窗口选择（右选）。
(5) 功能区

二、选择题答案

(1) C　　　　(2) D　　　　(3) A　　　　(4) D　　　　(5) BC

第 2 章

一、填空题答案

(1) X 轴、Y 轴、Z 轴
(2) X 轴，逆时针方向
(3) 内接于圆法、外切于圆法、边长方式
(4) Pedit
(5) 合并

二、选择题答案

(1) A　　　　(2) C　　　　(3) B　　　　(4) BD　　　　(5) AC

第 3 章

一、填空题答案

(1) 普通、外部、忽略
(2) 允许分解
(3) 固定、多行
(4) 参数、动作、参数集、约束
(5) boundary、region

二、选择题答案

（1）B　　　　　（2）C　　　　（3）B　　　　　（4）B　　　　　（5）D

第 4 章

一、填空题答案

（1）truetype、shx
（2）"符号"
（3）标题、表头、数据
（4）Excel 电子表格
（5）标注文字、尺寸线、箭头、延伸线

二、选择题答案

（1）B　　　　（2）CD　　　　（3）B　　　　　（4）BC　　　　（5）A